新・弾性理論
NEW THEORY OF ELASTICITY

仲座 栄三
Eizo Nakaza

ボーダーインク

序

　人間は思考能力を持っている．それぞれの人が何かを考えている．それにもかかわらず，偉大な思想は滅多に生まれてこない．

・・・

　原子物理学は実際，一般相対性理論とは無関係に，華々しい発展を遂げた．しかし外面的な華やかさにもかかわらず，最近 20 年位の間は，思想の貧困の時代であった．

　一般相対性理論そのものが，現代物理学に直接どのような，かかわりを持つかは，私はそれほど重大な問題でないと思う．もっと重要なことは，その背後にあるアインシュタインの偉大な思想が，思想の貧困をかこっている現代物理学の中に，新しい形で生かされることである．

　アインシュタイン先生がこの世を去られて既に 3 年近くになる．しかし先生の，時代を超えた偉大さが，私にはこの頃ますます，はっきりとわかってきたような気がする．

・・・

　これは，C・ゼーリッヒ著/湯川秀樹序/広重徹訳，『アインシュタインの生涯』(東京図書)によせたノーベル物理学者・湯川秀樹の序の一部です．私が 2005 年に記した著書(『物質の変形と運動の理論』, 2005) の序文の書き出しは，上文で始まります．

　最初，湯川博士の序を読んだとき，それがどういう意味かあまり理解できませんでした．しかし，この頃ようやくその意味がおぼろげながら理解できてきたような気がいたします．

　さて，この書に紹介するのは，私が著した『物質の変形と運動の

理論』ボーダインク，2005年5月（以下，原著と呼ぶ）で紹介する新しい弾性理論に関し，弾性理論の基礎をある程度理解している者を対象として，理論の概略を再整理したものとなっています．

原著は，当時，揺れに揺れ，深い霧の中にさ迷う状態で執筆いたしました．そのようなことから随所に記述の不適切さや誤りが認められます．新しい考え方を提示するといっても，脳裏のどこかに，従来の弾性理論が潜み，油断するとそれが前面に現れて，「従来の弾性理論に誤りはない，ただの見かけ上の問題だと」主張する．思わず元に引き戻されそうになってしまう．そのような時，原著をとり出し，何度も確認するという日々が続いています．

従来のドグマから抜け出すことは容易なものではありません．本書は，理論の本質の議論にとどめ，迷えるときにすぐに役立つように，小冊子としてまとめました．

振り返ってみると，この問題に取り組んで来，すでに12年を経ています．結局何が問題であったのか？

流体力学においては，Stokes が粘性応力を構築したとされ，Navier-Stokes の方程式を以て流体の運動の支配方程式とされています．私が苦労に苦労を重ねたことは，結局は，1845年に Stokes が圧力として導入した平均圧力の概念を流体力学や弾性学から捨て去ることにあったといえます．

Stokes が経験的に導入した平均圧力の概念こそが，経験的な定義がゆえに，第2の粘性係数や第2の弾性係数の導入を必要としたのです．経験的平均圧力の概念を捨て去り，正しく物理的に定義される「圧力」を導入する新しい理論では，当然ながら，第2の粘性係数や第2の弾性係数は不必要となります．その結果，ただ1つの粘性係数や弾性係数が現れます．

新しい理論が示されたとして，それで何が変わるか？

新しい理論に乗り換えることで，数学的に調和し，美しい基礎理論体系と物理的解釈を堪能できるという学問的な喜びに加え，実務上の特典が山ほどあると考えています．

例えば，応力評価などがそれに当たると思います．新しい理論では，ひずみに弾性係数を乗じた値として求まる弾性応力が耐力評価の対象となります．このとき，ひずみ分布と応力分布とは全く同じ相対的分布をなします．人は，材料の変形具合（ひずみ）を見て，直観的に応力評価を行っています．新たな応力評価では，それと相対的に全く同じ応力分布を予測させますので，人の直観的判断と理論が示す応力評価とが一致することになります．

これまで，無応力と判断されてきた1軸圧縮の横方向変形問題や，自由熱膨張の問題に対し，それらの変形を引き起こしている圧力が，観測されるひずみから容易に測られます．さらに，熱に加えて複雑な外部荷重を受けている場合であっても，熱が生み出す圧力と外部荷重が生み出す応力との合成応力が容易に求まります．したがって，熱がかかわる問題を，応力を以て評価可能となります．従来は，自由熱膨張下で無応力状態を認めますので，こうした議論は不可能でした．

外部荷重による応力と圧力の成す仕事が弾性ひずみエネルギーとして蓄積されます．したがって，相対的材料変形は弾性ひずみエネルギーの貯留状態を表す指標と解釈されます．新たな定義による弾性ひずみエネルギーを以て塑性や破壊の判断基準に設定でき，それが圧力という状態量を以て整理されます．

圧力と弾性応力の2種の物理量を認める新たな理論では，弾性波の解析がより進められ，新たな弾性波の発見や弾性波の物理的解釈

がより一段と深まる可能性があります．その結果によって新しい技術が生み出される可能性は高いと期待いたします．

　その他，地盤工学，地震工学，破壊力学など，弾性（あるいは，表面張力）と圧力が陽な形に現れる分野では，新しい理論展開が大いに期待されます．こうして，新しい弾性理論が，研究や実務の世界で広く用いられていくことを期待いたします．

　最後になりましたが，東京工業大学名誉教授日野幹雄先生，琉球大学名誉教授津嘉山正光先生，名古屋工業大学名誉教授岡島達雄先生，琉球大学工学部教授山川哲雄先生，同教授伊良波繁雄先生，同助教松原仁先生，琉球大学島嶼防災研究センター助教入部綱清先生，住友精密工業株式会社 小山健博士には，終始励ましと貴重なご助言を頂きました．ご提言や議論の内容は，本書の随所に生かされています．本書の校正には島嶼防災研究センター事務補佐員早田正美女史，ボーダインク池宮紀子女史にご協力頂きました．ここに記し，感謝の意を表します．

　また，新しい弾性理論及び流体力学の基礎理論を考えるきっかけは，恩師である宮崎大学名誉教授河野二夫先生（享年65歳）の勧めによるものであることを記し，ここに感謝の念を捧げます．

　この問題に取り掛かって来，いかなる時点でも支えてくれた家族（光子・海咲・海希・海香）に心からありがとうと礼を述べたい．そして，この書がこれを手にされた方々に夢と希望を与えられんことを切に願います．

　　　　　　　　　　　　　　　　　仲座　栄三　2010年7月

目　次

序

1章　なぜ新たな理論が必要か　1
1.1　フックの法則,そして物理法則は方向によらないことの確認　1
1.2　フックの法則の必要不可欠性　3
1.3　従来の弾性理論の問題点　5
　1）1軸圧縮の横方向変形は何の力によるものか？　5
　2）ヤング率とポアソン比を導入する理論の問題点　6
　3）体積弾性係数とせん断弾性係数を導入する理論の問題点　8
　4）体積変形波の波速にせん断弾性係数が係わる？　11
　5）いずれが本物の弾性係数か？　12

2章　ヤング率及びポアソン比の導入そしてそれらの定義の修正　14
2.1　フックの法則とポアソンの経験則　14
2.2　修正ヤング率及び修正ポアソン比　18

3章　2つの弾性係数を導入するフックの法則とその問題点　25
3.1　体積弾性係数とせん断弾性係数を導入する従来の理論　25
3.2　従来の解釈の問題点　29
3.3　平均圧力導入の問題点と係数1/3の問題点　31

4章　新たな弾性理論　34

- 4.1　圧力の導入　34
- 4.2　基本原理　39
- 4.3　フックの法則　40
- 4.4　内部圧の状態方程式　41
- 4.5　構成方程式　44
- 4.6　従来の弾性理論との関係　45
- 4.7　修正ヤング率と修正ポアソン比の関係状態方程式の同定　48
- 4.8　新たな応力評価　52
- 4.9　脆性材料の破壊と材料強度　54
- 4.10　支配方程式　61
- 4.11　弾性ひずみエネルギー　62
- 4.12　初期材料内部に潜在する応力と弾性係数　64
- 4.13　圧力と熱応力　68
- 4.14　固体・液体・気体の違い　69
- 4.15　表面張力と表面における弾性ひずみエネルギーの関係　71
- 4.16　弾性波の波速と弾性係数の関係　79
- 4.17　数値計算への応用　84
- 4.18　新たな弾性理論のまとめ　87
- 4.19　従来の弾性理論のまとめ　88

おわりに当たって　91

参考文献　92
索引　94

1章　なぜ新たな理論が必要か

1.1　フックの法則，そして物理法則は方向によらないことの確認

　フックの法則（Hooke's law）は，弾性体の変形を理論的に取り扱う際に礎となる物理法則となっています．したがって，ここではまずフックの法則について再確認しておくことにします．

　フックの法則は今では中学校でも教えられていますので，誰でも知っている物理法則の一つと言えます．ロバートフック（Robert Hooke, 1678）は，ばねに加えた力の大きさとばねの伸び量の間に比例関係が存在することを見出しました．そして実験を重ね，「ばねのみでなく，我々の身の周りのほとんどの材料に対して，加えた力の大きさと変形量の間に比例関係が成り立つ」と主張しました．この事が，フックの法則と呼ばれています．

　力の大きさを f で表し，ばねの伸び量を x で表すと，フックの法則は，一般に次のように表されます．

$$f = kx \tag{1.1}$$

ここに，k は比例係数であり，ばね係数とも呼ばれます．物理的には，ばねの「伸びにくさ」あるいは「ばねの剛性」という1つの性質を表します．したがって，ばね係数は物性値の1つと定義されます．

　一般に，力は大きさと方向を持つ量なので数学的にはベクトル量

として取り扱われます．よって，式 (1.1) は数学的には次のように一般化されます．

$$f = k\,x \qquad (1.2)$$

ここに，f は力を表すベクトルであり，x はばねの伸びを表すベクトルです．

式 (1.2) において，ばね係数を表す係数がスカラー量で表され，方向特性を持たないのは，ばねの軸をどのような方向に設置してもばねの性質が方向によって変わらないことを意味します．そして，最も重要なことは，いかなる方向に対しても現象が同じ物理法則で説明でき，同じ式形で表されることです．

こうして物理法則を表す方程式が，方向によらずにただ 1 つの式形に書けることは，物理現象を数学的に書き表すに必要不可欠な要素となっています．我々は，ベクトル量を数学的に表示するのに一般に座標を必要とします．座標の設定は観測者の自由で，例えば，ある者は東方向を x 軸と設定するのに対し，ある者は北方向を x 軸と設定することも可能です．こうした座標軸設定の自由は空間の等方性 (isotropy) が保障するものとなっています．

物理法則を数学的に表すに，設定した座標軸の方向でそれらが異なっていたとなると，観測者によってそれぞれ異なる物理方程式が提示されることになります．これでは客観的な物理現象の議論が困難となります．したがって，物理法則が数学的に書き記されるとき，それらは座標軸の設定によらないことが求められます．

すなわち，物理法則は観測者の誰が書き記しても同じ方程式の形に表される必要があります．このような要件を客観性 (Objectivity) と言います．こうして，物理法則の記述には客観性が必要となりま

す．

　ばねに対してのフックの法則は，式 (1.2) の形に書けることで十分と言えます．しかしながら，それを我々の身の周りにある 3 次元物体に適用しようとすると，そう単純ではありません．フックの法則はどのように一般化されるのだろうか？　その問いに答えることが弾性学における基礎理論の根幹を成します．

　本節でもそうであるように，以下の議論の全てにおいて，場の等方性，そして材料の等方性・均質性・一様性など等方性連続体としての仮定が前提条件として暗黙裡に存在することに注意しておく必要があります．

1.2　フックの法則の必要不可欠性

　質点の運動に関し，ニュートンの運動の法則が，$ma = f$（m：質量，a：加速度，f：力）と表されることは周知の事実です．この運動の法則は，加速度と力が比例し，比例係数が質量であることを示しています．その関係は，先に見たフックの法則における変形と力の関係に対応させられます．

　ニュートンの運動の法則は，加速度すなわち速度の変化が力の作用によるものであり，力の存在は加速度の存在を意味し，逆に加速度が存在するときには必ず力が存在することを表しています．この関係にフックの法則を対応させると，材料の変形は力によるもので，逆に材料の変形が存在する個所には必ず何らかの力が存在することを表します．

　ニュートンの運動の法則は，質点に力が作用すると必ず加速度が発生することを意味するものですが，それでは力が作用するとなぜ

加速度が生じるのか？と訊かれるとそれを説明することはできていません．万有引力もその存在は想像できるものですが，なぜ存在するのかは，物理学における最大の疑問とされているところです．さらに言うなら，空間とは何か？時間とは何か？という問いにさえも十分に答えることはできていません．

こうして，物理の根幹を成すようなところで，いまだにその存在の説明が難しい物理現象が多く存在しています．フックの法則は，力と材料変形が比例することを説明するものの，なぜ力が作用すると物質は変形するのか？その問いに答えるものではありません．

物質の変形と力の関係を議論するのが弾性理論であるのですが，「力が作用するとなぜ材料は変形しなければならないのか？」という根源的な問いに答える術を有していません．

ニュートンの運動の法則の場合にもそうであったように，私たちは「なぜ？」に答えられない代わりに，その関係を物理法則として認め，それ以降の物理の説明を演繹しています．したがって，材料の変形と力の作用を議論する弾性理論においては，フックの法則はその議論をスタートさせる礎として働くことになります．

フックの法則は1つの近似であるとか，力と変形量の線形あるいは非線形の関係そのものが必要であって，フックの法則はさほど重要ではないなどとよく耳にします．しかし，そうした考え方が大きな誤りであることは，すでに説明したことから容易に理解されようかと思います．

フックの法則を認めた上で，力の作用と材料の変形の物理的議論が可能となります．こうしてフックの法則は，物質の変形と力の作用を物理的にひも解く際の礎として位置付けられます．

1.3 従来の弾性理論の問題点

1) 1軸圧縮の横方向変形は何の力によるものか？

材料を試験機の上に載せ縦方向に1軸圧縮すると，材料は縦方向に縮むと同時に横方向にも膨張変形を見せます．このとき，縦方向の変形は加えた縦方向の荷重に比例しており，フックの法則によって現象の説明が可能であることが分かります．しかし，横方向には何らの荷重も作用させていないので，縦方向と同じように「荷重と変形量が比例する」とする説明を横方向には与えることができません．このことは，縦方向の現象の説明に導入したフックの法則が横方向には適用できないことを意味することになり，物理法則の客観性を破ることになります．

縦方向に対して「力の大きさと材料の変形量が比例する」とする説明は，横方向にもそのまま成り立つ必要があります．後に第2章で詳しく議論されますが，ポアソンは，この横方向の変形量に対して「縦方向の変形量に比例する」とする説明を与えました．これは，「力に比例して変形する」とするフックの法則の説明と明らかに異なり，ポアソン独自の経験則の導入と言わざるを得ません．

したがって，従来の弾性理論の説明は，縦方向の現象説明と横方向の現象説明が異なる物理法則によることになり，物理現象はどの方向に対しても同じ物理法則を以て説明されなければならないとする物理の客観性を破ることになります．

第3章で説明する従来の弾性理論では，2つの弾性係数を導入し現象が説明されます．しかしながら，この場合，横方向の変形量を正確に予測できるものであっても，なぜその変形が生じるのかを統一的に説明できていません．縦方向には力と変形量の比例関係が成立するにも係わらず，横方向には力と変形量が比例していないとい

う問題点が見出されます．すなわち，縦方向と横方向の現象説明を同じ物理法則で行うことができていません．ここに，従来の弾性理論の問題点を指摘することができます．

　少し大げさになるかもしれませんが，ここで1つの例えを上げます．天の運行は，かつて円軌道を幾つか重ねることで，かなりの精度でそれが楕円軌道であることを説明していました．しかし，なぜ楕円軌道でなければならないのかを説明するものではありませんでした．万有引力の存在の発見は，見えない力の創造であり，なぜ楕円でなければならないかを力学的に説明することに結び付き，天の運行を普く説明することへとつながりました．

　第4章で紹介する新しい弾性理論においては，従来の理論で見えることのなかった力を材料内部に見出し，それを"圧力"と呼んでいます．この圧力の"存在"の発見により，縦方向1軸圧縮の際の横方向変形がそれによる等方変形であると説明されます．そして，それを期に新しい弾性理論が創造され，客観的で統一した理論構築が可能となっています．

2) ヤング率とポアソン比を導入する理論の問題点

　詳しい議論は第2章にて行いますが，ここでも簡単にその問題点について触れておきます．ここでは式を逐一追うというより，雰囲気で理解して頂くことで十分と思います．

　ヤング率とポアソン比を導入する理論は，一般にフックの法則を次のように表しています．

$$\varepsilon_{11} = \frac{1}{Y}\left[\sigma_{11} - \nu(\sigma_{22} + \sigma_{33})\right] \tag{1.3}$$

$$\varepsilon_{22} = \frac{1}{Y}\bigl[\sigma_{22} - \nu(\sigma_{33} + \sigma_{11})\bigr] \qquad (1.4)$$

$$\varepsilon_{33} = \frac{1}{Y}\bigl[\sigma_{33} - \nu(\sigma_{11} + \sigma_{22})\bigr] \qquad (1.5)$$

$$\gamma_{12} = \frac{1}{G}\sigma_{12}, \qquad \gamma_{23} = \frac{1}{G}\sigma_{23}, \qquad \gamma_{31} = \frac{1}{G}\sigma_{31} \qquad (1.6)$$

ここに，Y はヤング率，ν はポアソン比，G は一般にせん断弾性係数と呼ばれます．ヤング率が縦弾性係数と呼ばれるのに対し，せん断弾性係数は横弾性係数と呼ばれます．$\sigma_{11}, \sigma_{22}, \sigma_{33}$ は断面に垂直に作用する応力（垂直応力），$\sigma_{12}, \sigma_{23}, \sigma_{31}$ は断面に平行に作用する応力（せん断応力）を表します．これに対し，$\varepsilon_{11}, \varepsilon_{22}, \varepsilon_{33}$ は断面に垂直方向のひずみ（垂直ひずみ），$\gamma_{12}, \gamma_{23}, \gamma_{31}$ は断面に平行な方向のひずみ（せん断ひずみ）を表します．ここに見るせん断ひずみは数学的に定義されるせん断ひずみの2倍にあたり，せん断ひずみの工学的定義と呼ばれます．

ここで問題となるのは，縦弾性係数と横弾性係数の存在です．いま対象としているのは等方性材料の微小変形なので，材料の性質に方向による違いを認めることはできません．したがって，便宜的な呼び方であるにせよ，縦弾性係数と横弾性係数という呼び方は物理的に推奨されるべきではありません．

それに加え，従来の理論は，次のような本質的な問題点をも有しています．式 (1.3)〜(1.5) に見る，右辺[　]内の第2項はポアソン効果を表します．後に第2章で詳しく議論されますが，例えば，式 (1.3) で，ポアソン効果は応力 σ_{22} と σ_{33} のみの効果として現れており，横方向のみからの寄与となっています．等方性材料にあっ

ては，ポアソン効果を表す項も等方性を満たすことが求められ，例えば，$\nu(\sigma_{11}+\sigma_{22}+\sigma_{33})$ と，縦方向の効果も考慮されなければなりません．

式 (1.3) に導入されるポアソン効果の項は等方性を満たしていないため，その関係式から得られる弾性係数も等方性を満たしていないことになります．したがって，ヤング率はポアソン効果の導入の必要性のない場合，すなわち材料を1次元とみなした理論展開の場合のみに物理的妥当性を持つことになります．そうした所にヤング率を縦弾性係数と呼ぶゆえんがあるとも言えますが，材料の弾性という性質が方向に依存することは，等方性材料を扱う限り許されるべきではありません．

こうして，ヤング率とポアソン比を導入する従来の理論は経験的な関係式を与えても，物理的には正しく定義されていないとを指摘できます．

しかしながら，こうして説明していてもなかなかその問題点を理解することは困難ではないかと考えます．著者自身，従来の理論のドグマから脱却するに約7年を要しました．じっくり思考することが理解への唯一の近道と考えます．

3) 体積弾性係数とせん断弾性係数を導入する理論の問題点

この理論の展開は，数学的には異方性材料の関係式から展開されており，一般にフックの法則を次のように表します．

$$\sigma_{ij} = K\varepsilon_{kk}\delta_{ij} + 2G\left(\varepsilon_{ij} - \frac{1}{3}\varepsilon_{kk}\delta_{ij}\right) \tag{1.7}$$

ここに，σ_{ij} は応力テンソル，ε_{ij} はひずみテンソル，ε_{kk} は相対的

体積変形量（体積ひずみ），K は体積弾性係数，G はせん断弾性係数，δ_{ij} はクロネッカーのデルタと呼ばれます．

ひずみテンソルは，軸方向の変位量 $u_i\,(i=1,2,3)$ の相対的な量として，次のように定義されます．

$$\varepsilon_{ij}=\frac{1}{2}\left(\frac{\partial u_j}{\partial x_i}+\frac{\partial u_i}{\partial x_j}\right) \tag{1.8}$$

こうした理論体系は，数学的な展開として何ら矛盾を含むものではありません．しかし，展開した数学的記述が物理法則を表すものであり，かつそこに定義される係数が材料の物性値を正しく定義づけるものであるかどうかの議論は，数学的展開の正しさの議論とは全く別物と言えます．

式 (1.7) に示す理論体系の物理的根拠のなさは，まずもって右辺第2項に現れる係数 1/3 の存在にあります．この係数は3次元物体を対象としていることに基づくもので，物理法則が次元数に依存することを意味します．等方性連続体力学を扱う限り，物理法則が次元数に依存することはあり得ないことと言えます．したがって，その係数の存在は，物理法則の数学的記述に対する不適切さを示すシンボルと言えます．その理由は，第4章において詳しく議論されます．

この理論に対する物理的疑義は，体積弾性係数とせん断弾性係数の独立性の問題にもあります．この理論は，式 (1.7) を一般化されたフックの法則と呼び，独立した2つの弾性係数の存在を主張しています．しかし，それらが独立しているとする根拠は十分ではありません．

「体積弾性係数とせん断弾性係数が物理的に独立していない」こ

のことが，本書の主張ともなっています．この主張に対し，「純粋せん断変形は体積保持変形であり，材料変形は独立した体積変形と体積保持変形とに分けられ，それぞれに独立した弾性係数が係わる」というのが従来の理論の主張となっています．しかし，もともと体積変形と体積保持変形とは物理的に独立していません．

なぜなら相対的体積変形は，例えば主ひずみの平均値として表されます．これに対し純粋せん断変形の部分は，主ひずみから主ひずみの平均値を差し引いた量で表され，いわば平均値からの偏りの部分として表されています．一般に，主ひずみの平均値とそれからのずれの部分とが独立しているとする物理的根拠は見出されるものではありません．

式（1.7）は，ラメ（Lamé）の第2弾性係数 λ を導入し，次のように表される場合もあります．

$$\sigma_{ij} = \lambda \varepsilon_{kk} \delta_{ij} + 2G\varepsilon_{ij} \tag{1.9}$$

式形としてはこの方がすっきりしていて，弾性波の導出など理論的展開には式（1.9）が好んで用いられています．

この式の場合，式（1.7）に見る係数 1/3 が存在せず，式形が次元数の変化に対して不変性を有しています．しかしながら，係数 λ は第2の弾性係数という意味以外の物理的説明を与えられておらず，その物理は明確ではありません．

ここで，式（1.9）の応力テンソルの縮約を求めてみますと，次のような関係が得られます．

$$\sigma_{kk} = 3\lambda \varepsilon_{kk} + 2G\varepsilon_{kk} \tag{1.10}$$

ここで，係数 λ と係数 G が独立しているとなると，「体積ひずみ ε_{kk}

になぜ独立した弾性係数が2つ係わるのか？」という疑義が当然投じられます．その問に対し，従来の弾性理論は答えられるものとなっていません．

それが故に，式 (1.7) に示す理論では独立した弾性係数として体積弾性係数が次のように導入されています．

$$\frac{\sigma_{kk}}{3} = 3K \frac{\varepsilon_{kk}}{3} \tag{1.11}$$

こうして従来の弾性理論は，体積弾性係数の導入を以て，式 (1.9) あるいは式 (1.10) に投じられる疑義を見掛け上は回避し得ていると言えます．しかしながら，そのような定義を導入するとき，結局は式 (1.7) に戻り，それに係わる当初の問題点が再び投じられることになります．

4) 体積変形波の波速にせん断弾性係数が係わる？

後に詳しく議論されますが，従来の弾性理論を展開し体積変形波（いわゆる発散波）の波速を求めてみると，次式が得られます．

$$C_l^2 = \frac{1}{\rho}\left(K + \frac{4}{3}G\right) \tag{1.12}$$

ここに，C_l は発散波の波速，ρ は材料密度を表します．また，比熱比 $\gamma = 1$ が仮定されています．

式 (1.12) の右辺カッコ内第2項は，体積保持変形に係る項，すなわち式 (1.7) の右辺第2項から派生されたものです．式 (1.7) の右辺第2項は体積保持変形であり，右辺第1項に示す体積変形と

は独立した変形要素と定義されています．しかしながら，式 (1.12) は体積変形波に体積保持変形要素の寄与があることを示しており，それらの変形要素の独立性が問われます．

こうして，体積変形と体積保持変形とを独立した変形要素と位置付け，体積弾性係数とせん断弾性係数という2つの独立した弾性係数を導入する従来の弾性理論の矛盾点を指摘できます．

5) いずれが本物の弾性係数か？

これまで見てきた従来の弾性理論において，総計6つの弾性係数（ポアソン比も含めて）が現れます．2つの独立した弾性係数が存在するとして，いずれが本物の弾性係数か？ 従来の弾性理論にその問いに答えてくれる記述は見あたりません．いずれか2つを独立した弾性係数とみなして良いという状況にあると言えます．

いずれが独立した弾性係数であるかを示しておくことは，物理的に非常に重要なことです．なぜなら，弾性係数は材料の物性を表す物理量であり，いずれが物理的に正しく定義される物性値であるかが明確になっていなければ材料の物性の同定が困難となるからです．

フランスのナビエ (Navier, 1821) を緒として始まった弾性理論は，弾性係数はただ1つであるとする解釈にありました．当初，それには多くの物理学者も賛同するものでした．しかしながら，グリーン (Green, 1828) の出現により情勢は一変し，2つの独立した弾性係数が必要であるとする主張が多勢を占め，実験値との整合性からも2つの弾性係数が必要であるとする結論に至っています．

本書は，フックの法則にただ1つの弾性係数の存在を主張するものとなっています．しかし，その主張はいわば単一係数論派の再来と言え，本書の主張は数々の実験的実証を受けてきた今日の弾性理

論に真っ向から異論を唱えるものと言えます．したがって，その主張は今日の常識ではとうてい受け入れ難いものがあるものと察せられます．

しかしながら，この章で議論してきたように，従来の理論は経験的に矛盾のないような形に構築されていても，未だ物理的解釈において矛盾をはらむものであることは否めません．信じ難いことであるが，「従来の理論（あるいは従来の解釈）は正しくない」とする主張の余地を十分に残していると言えます．

次章以降に，そのことの詳しい議論が行われます．

2章　ヤング率及びポアソン比の導入　そしてそれらの定義の修正

2.1　フックの法則とポアソンの経験則

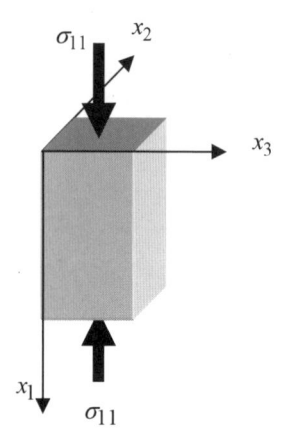

図-1　1軸圧縮試験

図-1に示すように，棒のようなものを x_1 軸，すなわち棒の軸方向にゆっくり圧縮あるいは引き伸ばすとき，フックの法則は縦方向に次のような関係式の成立を要求します．

$$\sigma_{11} = Y\,\varepsilon_{11} \qquad (2.1)$$

ここに，σ_{11} 及び ε_{11} は，それぞれ棒の軸方向の作用応力及びひずみを表します．また，Y は弾性係数を表し，通常ヤング率（Young's modulus）と呼ばれます．

式（2.1）に従い棒の断面方向，すなわち x_2 あるいは x_3 軸方向に対して，フックの法則を書き表すと以下のように表せます．

$$\sigma_{22} = Y\,\varepsilon_{22} \qquad (2.2)$$
$$\sigma_{33} = Y\,\varepsilon_{33} \qquad (2.3)$$

ここに，σ_{22} 及び ε_{22} は，それぞれ奥行方向の作用応力及びひずみ，σ_{33} 及び ε_{33} は，それぞれ横方向の作用応力及びひずみを表します．

ここに示す1軸圧縮試験に対しては，横方向及び奥行方向に外部荷重の作用は何らなく，$\sigma_{22} = \sigma_{33} = 0$ と設定されます．したがって，式（2.2）及び（2.3）によれば，ひずみ ε_{22} 及び ε_{33} は共にゼロと予測されます．その結果，断面にはいかなる変形も生じてはならないことになります．しかしながら，こうした予測に反し，実際には断面の変形がポアソン効果として観察されます．

ポアソン（Poisson, 1829）は，棒の軸に直角方向のひずみ（すなわちポアソン効果として現れるひずみ）は棒の軸方向のひずみに比例し，次のように予測されるとする経験則の導入を行いました．

$$\varepsilon_{22} = \varepsilon_{33} = -\nu \varepsilon_{11} \tag{2.4}$$

ここに，ν はポアソン比（Poisson's ratio）を表します．

ポアソン比の導入，すなわち式（2.4）の導入は，応力の存在に係わらずひずみ比を通じて予測されるひずみの存在を主張するもので，「応力に比例してひずみが発生する」とするフックの法則とは異なる主張となっています．したがって，式（2.4）の導入はフックの法則とは異なる経験的な法則の導入を意味します．以下，この経験的な法則をポアソンの経験則と呼ぶことにします．

式（2.4），すなわちポアソンの経験則の導入により，ひずみの発生の予測は可能となりました．しかし，それが何の力によって引き起こされるものであるかは不問に付されたままです．その結果，例えば1軸圧縮の際に，棒の断面が横方向にいかように膨張していても，その要因を力学的に説明できません．

第1章でも述べたように，弾性理論は「力と物質の変形」を議論

するものであり，それはフックの法則の下で可能となっています．そのフックの法則は，材料の変形する個所には必ず何らかの力が存在しなければならいことを主張しています．したがって，ここで材料の変形を認めながらも応力の存在を問わないのは，フックの法則に反することと言えます．しかし，このことはポアソンの経験則の導入により許してもらうという約束になっているものと解釈されます．

従来の理論の問題点をさらに明確にするため，式の展開を進めます．式（2.4）に式（2.1）を代入し，次式が得られます．

$$\varepsilon_{22} = \varepsilon_{33} = -\nu \frac{\sigma_{11}}{Y} \tag{2.5}$$

式（2.5）の関係を用いると，式（2.1）～（2.3）は，次のように書き換えられます．

$$\sigma_{11} = Y\bigl(\varepsilon_{11} \qquad \bigr) \tag{2.6}$$

$$\sigma_{22} = Y\left(\varepsilon_{22} + \nu \frac{\sigma_{11}}{Y}\right) \tag{2.7}$$

$$\sigma_{33} = Y\left(\varepsilon_{33} + \nu \frac{\sigma_{11}}{Y}\right) \tag{2.8}$$

式（2.7）及び（2.8）の右辺のカッコ内第2項が，ポアソン効果（Poisson's effect）として生じるひずみを表します．

さらに，荷重が奥行方向や横方向からも作用する場合を想定し，式（2.6）～（2.8）を一般化すると，次のように表されます．

$$\sigma_{11} = Y\left(\varepsilon_{11} + \nu \frac{\sigma_{22} + \sigma_{33}}{Y}\right) \tag{2.9}$$

$$\sigma_{22} = Y\left(\varepsilon_{22} + \nu\frac{\sigma_{33} + \sigma_{11}}{Y}\right) \quad (2.10)$$

$$\sigma_{33} = Y\left(\varepsilon_{33} + \nu\frac{\sigma_{11} + \sigma_{22}}{Y}\right) \quad (2.11)$$

せん断応力とせん断ひずみの関係については，次のような関係式が与えられています．

$$\sigma_{12} = 2G\varepsilon_{12}, \quad \sigma_{23} = 2G\varepsilon_{23}, \quad \sigma_{31} = 2G\varepsilon_{31} \quad (2.12)$$

ここに，G はせん断弾性係数（shear modulus）と呼ばれます．

フックの法則である式（2.1）の導入，ポアソンの経験則である式（2.5）の導入を以て，構成方程式（2.9）〜（2.12）が得られています．したがって，構成方程式（2.9）〜（2.12）は，一般化されたフックの法則と言うよりも，むしろ「フック・ポアソンの法則（Hooke-Poisson's law）」と呼ばれる方がより適切と言えます．

第1章で簡単に触れたように，これらの式にはポアソン効果が正しく等方性の形に導入されていません．例えば式（2.4）において，ε_{22} 及び ε_{33} を等値に置けたのは，材料の等方性を仮定していることによるものです．しかしながら，式（2.4）あるいは式（2.6）に見るように，縦軸方向にはその等方ひずみが陽な形で考慮されていません．したがって，式（2.6）〜（2.8），あるいは式（2.9）〜（2.11）では，ポアソン効果の項に等方性が満たされていないことの問題点を指摘できます．

その結果，従来の定義に従うヤング率やポアソン比は実験的に容易に求められる実験係数としての価値を持つとしても，それらは客観的な物理係数にはなり得ません．よって，従来のヤング率やポソ

ン比は適切な形に修正される必要があります．

2.2 修正ヤング率及び修正ポアソン比

図-1に示す実験において，ポアソンは，ポアソン効果として現れる等方ひずみを横方向と奥行き方向のみに観察しています．材料の等方性からは，横方向や奥行き方向に観察されるひずみと同じ大きさのひずみを縦方向にも認めなければなりません．

その議論をさらに理解しやすいように，式 (2.5) で与えられる等方ひずみを"θ"で表すことにします．このとき，式 (2.6) ～ (2.7) は，次のように書き換えられます．

$$\sigma_{11} = Y(\varepsilon_{11}\quad) \tag{2.13}$$

$$\sigma_{22} = Y(\varepsilon_{22} - \theta) \tag{2.14}$$

$$\sigma_{33} = Y(\varepsilon_{33} - \theta) \tag{2.15}$$

ここに，等方ひずみ（θ）は次のように与えられます．

$$\theta = -\nu \frac{\sigma_{11}}{Y} \tag{2.16}$$

ポアソン効果に等方性を確保するためには，ポアソン効果によるひずみの項を次のように導入する必要があります．

$$\sigma_{11} = Y(\varepsilon_{11} - \theta) \tag{2.17}$$

$$\sigma_{22} = Y(\varepsilon_{22} - \theta) \tag{2.18}$$

$$\sigma_{33} = Y(\varepsilon_{33} - \theta) \tag{2.19}$$

ここで，式 (2.13) と式 (2.17) を比較し，それらの違いからポ

アソン効果の項の等方性の成否を再確認しておく必要があります.

このようにポアソン効果を等方性の形に導入すると，ここに現れる弾性係数 Y は，式 (2.1) で定義される従来のヤング率と異なります.

したがって，ポアソン効果に等方性を満たす形にした式 (2.17) 〜 (2.19) は，弾性係数をヤング率とは異なる係数に置き換え，次のような形に書き直す必要があります.

$$\sigma_{11} = Y'(\varepsilon_{11} - \theta) \tag{2.20}$$

$$\sigma_{22} = Y'(\varepsilon_{22} - \theta) \tag{2.21}$$

$$\sigma_{33} = Y'(\varepsilon_{33} - \theta) \tag{2.22}$$

ここに，Y' は，ポアソン効果を正しく等方性の形に修正したことで再定義される係数であり，以下においては，修正ヤング率 (modified Young's modulus) と呼ぶことにします.

式 (2.20) 〜 (2.22) に示す関係式は，いずれも方向によらず客観性を有しています. したがって，修正されたヤング率は客観的な弾性係数として位置づけられます.

式 (2.20) 〜 (2.22) を参考に，式 (2.9) 〜 (2.11) に示す関係式は次のように変形できます.

$$\sigma_{11} = \frac{Y}{1+\nu}\left(\varepsilon_{11} + \nu\frac{\sigma_{11} + \sigma_{22} + \sigma_{33}}{Y}\right) \tag{2.23}$$

$$\sigma_{22} = \frac{Y}{1+\nu}\left(\varepsilon_{22} + \nu\frac{\sigma_{11} + \sigma_{22} + \sigma_{33}}{Y}\right) \tag{2.24}$$

$$\sigma_{33} = \frac{Y}{1+\nu}\left(\varepsilon_{33} + \nu\frac{\sigma_{11} + \sigma_{22} + \sigma_{33}}{Y}\right) \tag{2.25}$$

あるいは，係数をまとめ

$$2G = \frac{Y}{1+\nu} \tag{2.26}$$

と置くと，次のようにまとめられます．

$$\sigma_{11} = 2G\left(\varepsilon_{11} + \frac{\nu}{1+\nu}\frac{\sigma_{11}+\sigma_{22}+\sigma_{33}}{2G}\right) \tag{2.27}$$

$$\sigma_{22} = 2G\left(\varepsilon_{22} + \frac{\nu}{1+\nu}\frac{\sigma_{11}+\sigma_{22}+\sigma_{33}}{2G}\right) \tag{2.28}$$

$$\sigma_{33} = 2G\left(\varepsilon_{33} + \frac{\nu}{1+\nu}\frac{\sigma_{11}+\sigma_{22}+\sigma_{33}}{2G}\right) \tag{2.29}$$

式 (2.26) で導入した係数は，一般にせん断弾性係数と呼ばれます．

等方性を満たせる形にポアソン効果を修正すると，客観的な弾性係数として現れるのは，ヤング率でなく，せん断弾性係数となっている事が示されます．

したがって，修正ヤング率がここにせん断弾性係数を以て表されます．後の章で定義されるように，従来の弾性理論において，せん断弾性係数は純粋せん断変形にかかる弾性係数としての特別な物理的意味合いを持ちます．しかし，ここに定義される修正ヤング率は，せん断変形に特徴づけられる係数としての意味合いを全く持ち合わせていません．いやむしろ軸方向の変形に対する弾性係数としての名残を有していると言えます．

ここで，式 (2.16) の定義にならい右辺カッコ内の第 2 項を等方ひずみ (θ) で置き換えると，次式が得られます．

$$\sigma_{11} = 2G(\varepsilon_{11} - \theta) \tag{2.30}$$

$$\sigma_{22} = 2G(\varepsilon_{22} - \theta) \tag{2.31}$$

$$\sigma_{33} = 2G(\varepsilon_{33} - \theta) \tag{2.32}$$

ここに，等方ひずみ（θ）はポアソン効果による等方ひずみを表し，次式で与えられます．

$$\theta = -\frac{1}{2G}\frac{\nu}{1+\nu}(\sigma_{11} + \sigma_{22} + \sigma_{33}) \tag{2.33}$$

ポアソン効果が，純粋せん断変形で現れないことを考慮すると，式（2.12）及び（2.30）～（2.33）の関係は，テンソル表記を用い次のように一般化されます．

$$\sigma_{ij} = 2G(\varepsilon_{ij} - \theta\delta_{ij}) \tag{2.34}$$

$$\theta = -\frac{1}{2G}\frac{\nu}{1+\nu}\sigma_{kk} = -\frac{\nu}{1-2\nu}\varepsilon_{kk} \tag{2.35}$$

ここで，式（2.35）をさらに次のように書きかえてみます．

$$\theta = -\Theta\varepsilon_{kk} \tag{2.36}$$

Θ はポアソン効果の項を正しく等方性の形に修正した際に現れる係数で，修正ポアソン比（modified Poisson's ratio）と定義されます．

したがって，修正ポアソン比は，従来のポアソン比と次なる関係を持ちます．

$$\Theta = \frac{\nu}{1-2\nu} \tag{2.37}$$

以上の議論により，ポアソン効果の項を正しく等方性の形に修正した構成方程式は，次のようにまとめられます．

$$\sigma_{ij} = 2G(\varepsilon_{ij} - \theta \delta_{ij}) \tag{2.38}$$

$$\theta = -\Theta \varepsilon_{kk} \tag{2.39}$$

式（2.38）の物理的意味は，「外部応力とフックの法則をなすひずみが，実測されるひずみそのものでなく，それからポアソン効果として現れる等方ひずみを差し引いた，いわば有効ひずみ（effective strain）で与えられる」ことを表します．

フックの法則・式（2.38）と修正ポアソン則・式（2.39）を連立し，次式が得られます．

$$\sigma_{ij} = 2G(\varepsilon_{ij} + \Theta \varepsilon_{kk} \delta_{ij}) \tag{2.40}$$

1824年，ナビエが分子間干渉力をもとに導いた構成則は，次の形に表されるものでした．

$$\sigma_{ij} = 2G(\varepsilon_{ij} + \varepsilon_{kk} \delta_{ij}) \tag{2.41}$$

この関係式は，式（2.40）の修正ポアソン比を $\Theta = 1$ と設定した場合に当たります．このとき，式（2.37）の関係より，従来のポアソン比が $\nu = 1/3$ と与えられます．これに対し，ポアソン（1829）はほとんどの材料に対し $\nu = 1/4$ と置けることを主張し，弾性係数はただ1つであるとする立場を取っています．ポアソンの主張する構成方程式は，次のように表わされます．

$$\sigma_{ij} = G \varepsilon_{kk} \delta_{ij} + 2G \varepsilon_{ij} \tag{2.42}$$

式（2.38）及び（2.39）に見るように，弾性係数とポアソン比の物理は互いに全く異なります．これに対し，式（2.38）を以下のように表わし，2つの係数を持つ構成方程式が，後に議論される2つ

の弾性係数を導入する弾性理論になります．

$$\sigma_{ij} = \lambda \varepsilon_{kk} \delta_{ij} + 2G \varepsilon_{ij} \qquad (2.43)$$

ここに，$\lambda = 2\Theta G$ と置き換えてあります．

これまでの議論において，従来のヤング率やポアソン比を導入する構成方程式の問題点が明らかになりました．問題となるポアソン効果を正しく等方性の形にするためには，ポアソン比の修正を必要としました．その際に客観的な弾性係数として現れたのは，ヤング率でなく，従来の弾性理論で「せん断弾性係数」と呼ばれる弾性係数でした．その結果，従来せん断変形を特徴づける弾性係数として定義づけられてきたせん断弾性係数は，せん断変形に固有な弾性係数でなく，むしろ全ての相対的変形に共通する客観的な弾性係数であることが示されたと言えます．

以上の議論により，従来の構成方程式は客観的な表記へと修正されました．しかし，「ポアソン効果として現れる材料の変形は何の力によるものか？」この問いに未だ答えることはできていません．第1章で議論されたように，フックの法則は，力のない所に材料の変形を認めていません．このことは，ニュートンの運動の法則で，力のない所に加速度が現れないことと同じであり，この事に反する定義となっていることこそが従来の弾性理論の根源的な問題点と言えます．

すなわち，式（2.38）に示すように，「実測されるひずみから等方ひずみ（θ）を差し引いた残りのひずみが，フックの法則に従い，外部荷重のなす応力に比例して現れる」とする説明の一方で，式（2.39）に示すように，フックの法則に従わないひずみの存在を見出すことは許されない事です．これは，例えるなら，質点の加速度

がニュートンの運動の法則に支配される加速度と，その他の物理法則に支配される加速度を認めるようなことと同じと言えます．

　この章では，従来の構成方程式を客観的な関係式の形に書き換えることに成功しているものの，ポアソン効果として観測される等方ひずみが何の力によるものか？という問いには未だ答えていません．しかし，「客観的な構成方程式はいかような形に書けなければならないのか？」についてはここに示すことが出来ました．このことが，新しい弾性理論の構築に手がかりを与えます．

3 章　2つの弾性係数を導入するフックの法則とその問題点

3.1　体積弾性係数とせん断弾性係数を導入する従来の理論

　前章で議論したヤング率やポアソン比を導入するフックの法則の構築が観察的で物理的なものであったのに対し，ここでは幾分数学的な手順に基づきフックの法則が設定されます．

　ここでは，応力テンソルとひずみテンソルの線形関係を表す一般関係式から始め，それに応力テンソル及びひずみテンソルの対称性，さらに等方性の条件を課すことで，等方性弾性体に対するフックの法則が演繹されます．

　2階の応力テンソルとひずみテンソルの線形関係は，4階の係数テンソルを以て，一般に次のように表されます．

$$\sigma_{ij} = C_{ijkl}\, \varepsilon_{kl} \tag{3.1}$$

ここに，C_{ijkl} は4階の係数テンソルを表します．

　係数テンソルに，対称性と等方性の条件を課すと，式 (3.1) は次に示す関係式を派生させます．

$$\sigma_{ij} = \lambda \varepsilon_{kk} \delta_{ij} + 2G\varepsilon_{ij} \tag{3.2}$$

ここに，係数 G 及び λ は，それぞれラメの第1係数及び第2係数と呼ばれます．

例えば、変数 y と変数 x が比例するとは、a を係数として、$y = ax$ のように表されます。これに対し、$y = ax + b\bar{x}$ （ここに、b は係数、$\bar{x}$ は x の平均値）の関係は比例ではなく、線形関係と呼ばれます。

したがって、「応力とひずみが比例する」ことを規定するフックの法則は

$$\sigma_{ij} = 2G\varepsilon_{ij} \tag{3.3}$$

を以て十分と言えます。このとき、応力とひずみは比例し、フックの法則を成します。式 (3.2) は、応力とひずみが線形関係にあることを示していても、比例関係を表すものではありません。

しかしながら、たくさんの実験結果によると、式 (3.3) は、実際の材料の応力とひずみの関係を正しく表さないことが明らかとなっています。実験結果は、2つの弾性係数を以て正しく表されることを主張しています。その結果、実際の材料に対するフックの法則には式 (3.2) に示すように、2つの弾性係数が必要であると結論されるに至っています。

しかし、式 (3.2) の形は、「応力とひずみが比例する」とする関係を成さず、明らかにフックの法則の則を超えていると言えます。このことが、前章ではポアソンの経験則の導入として説明されています。

式 (3.2) の応力テンソルの縮約を取ることで、次式が与えられます。

$$\sigma_{kk} = 3\lambda\varepsilon_{kk} + 2G\varepsilon_{kk} \tag{3.4}$$

このとき、体積ひずみに異なる2つの弾性係数が係わっているのを確認できます。右辺第2項の存在に加えて右辺第1項の存在は、体

積ひずみのダブルカウントを示唆させます.

従来の弾性学では，式（3.4）の関係に次のように体積弾性係数を導入し，そのことの問題を回避する形にあります.

$$\frac{\sigma_{kk}}{3} = K\varepsilon_{kk} \tag{3.5}$$

ここに，K は体積弾性係数（bulk modulus）と呼ばれ，ラメの係数と次の関係を成します.

$$K = \lambda + \frac{2}{3}G \tag{3.6}$$

式（3.5）あるいは式（3.6）を式（3.2）に代入し，次式が得られます.

$$\sigma_{ij} = K\varepsilon_{kk}\delta_{ij} + 2G\left(\varepsilon_{ij} - \frac{1}{3}\varepsilon_{kk}\delta_{ij}\right) \tag{3.7}$$

式（3.7）に示す応力テンソルの縮約を取ると，式（3.5）が得られますので，式（3.2）に投じられる体積ひずみのダブルカウントの問題は払拭される形にあります.

ここまでの数学的展開に問題点は見出されるものではありません. しかし，この関係式がフックの法則（応力とひずみは比例する）を表すものであるかどうかの物理的チェックは残されています.

応力テンソルを **σ**，その平均値の部分を **σ̄**，平均値からの偏りの部分を **σ′** とおくと，応力テンソルは次のように，その平均値の部分とそれからの偏りの部分の和に表されます.

$$\boldsymbol{\sigma} = \bar{\boldsymbol{\sigma}} + (\boldsymbol{\sigma} - \bar{\boldsymbol{\sigma}}) = \bar{\boldsymbol{\sigma}} + \boldsymbol{\sigma}' \tag{3.8}$$

平均値は，当然ながら座標変換に対して等方性を示します.

式（3.8）をテンソル成分で表すと，次のように表されます.

$$\sigma_{ij} = \frac{1}{3}\sigma_{kk}\delta_{ij} + \left(\sigma_{ij} - \frac{1}{3}\sigma_{kk}\delta_{ij}\right) \tag{3.9}$$

したがって,式 (3.7) 及び (3.9) より次なる関係が与えられます.

$$\frac{\sigma_{kk}}{3} = 3K\frac{\varepsilon_{kk}}{3} \tag{3.10}$$

$$\left(\sigma_{ij} - \frac{1}{3}\sigma_{kk}\delta_{ij}\right) = 2G\left(\varepsilon_{ij} - \frac{1}{3}\varepsilon_{kk}\delta_{ij}\right) \tag{3.11}$$

式 (3.10) の右辺に示すひずみは主ひずみの平均値で与えられる体積ひずみを表します.これに対し,式 (3.11) の右辺に示すひずみの項は,純粋せん断ひずみを表します.

ひずみテンソルは,応力テンソル同様,体積ひずみテンソル (volumetric strain tensor) とそれからの偏りをなす偏差ひずみテンソル (deviatoric strain tensor) に分けられます.したがって,弾性体の微小ひずみは体積ひずみと偏差ひずみ(純粋せん断ひずみ, pure shear strain)を基本要素とする2つの相対的変形要素から成るとする考え方が生じます.

このような考え方に立つとき,式 (3.10) は基本変形要素の1つである体積ひずみと体積応力の比例関係を表し,応力とひずみの比例関係をうたうフックの法則を成すものと解釈されます.同様に,式 (3.11) は,もうひとつの基本変形要素を表す純粋せん断ひずみ(偏差ひずみ)と偏差応力の比例関係を表し,この関係もフックの法則を成すものと解釈されます.したがって,それらの関係式から構成される式 (3.7) は,それら材料の変形要素の全てを含む形にあり,フックの法則を成すとする解釈が与えられます.

こうした解釈に基づき,「等方性弾性体の微小変形に係るフックの法則には2つの弾性係数が係わる」とする従来の結論に至ります.しかし,これら2つの変形要素に独立した2つの弾性係数が必要となるかどうかの議論が残されています.

3.2 従来の解釈の問題点

前節で導かれた結論とは別に,グリーン(Green)は,エネルギーの観点から考察し,応力とひずみの関係に2つの弾性係数が必要であるとする主張を行いました.それから得られる応力テンソルは,式 (3.7) の妥当性を示す内容にあります.こうした結論が,従来の弾性理論の主張ともなっています.

こうした解釈はグリーンの後,数々の実験的検証を受け,実験値との比較からは,2つの弾性係数を導入する理論が正しいとする結論に至っていると言えます.また,こうした思想が,今日まで約200年間にもまたがり人々を支配してきました.しかし,「その思想は正しくない」と本書は主張するものとなっています.以下に,その内容について述べてみます.

確かに,ひずみテンソルは,一般にその第1不変量(the first invariant)をなす等方テンソル(isotropic tensor)と偏差テンソル(deviatoric tensor)に分解可能となっています.しかしながら,それらのひずみテンソルにそれぞれ独立した弾性係数が係わるとする物理的根拠は,どこにも存在しません.

変形要素として例え2つの変形要素を認めたとしても,これらの変形要素と応力の関係はフックの法則という1つの物理法則で説明されなければならず,その法則に現れる弾性係数はただ1つでなけ

ればなりません．2つの弾性係数の存在は2種類のフックの法則の存在を意味します．このことは，2種類の運動の法則があることに例えられます．

フックの法則に素直に従えば，「応力とひずみは比例する」ので，応力テンソルとひずみテンソルの関係は，式（3.3）のように書けることで十分なはずです．

式（3.7）に示す内容は，いかように変形されるにせよ式（3.2）すなわち式（3.4）を与えるものであり，その右辺第2項に示すひずみの存在に加えて，右辺第1項に示す体積ひずみの存在は，体積ひずみを余分にダブルカウントする内容にあると言えます．

式（3.10）及び（3.11）を再掲し，弾性係数の定義について，さらに議論することにいたします．

$$\frac{\sigma_{kk}}{3} = 3K \frac{\varepsilon_{kk}}{3} \qquad (3.10)：再掲$$

$$\left(\sigma_{ij} - \frac{1}{3}\sigma_{kk}\delta_{ij} \right) = 2G \left(\varepsilon_{ij} - \frac{1}{3}\varepsilon_{kk}\delta_{ij} \right) \qquad (3.11)：再掲$$

これらの関係式を注意深く見てみると，体積弾性係数は垂直応力の平均値と垂直方向ひずみの平均値に係わる弾性係数として定義されています．これに対し，せん断弾性係数は，垂直応力の平均値からの偏りを表す成分と垂直方向ひずみの平均値からの偏りを表す成分との関係に現れる弾性係数として定義されています．

すなわち，ひずみの平均値とそれからの偏りの部分とに独立した弾性係数がそれぞれ存在するとする解釈にあります．しかしながら，ある物理量の平均値とそれからの偏り部とに固有な物性が存在する

とは物理的に想定し得るものではありません.

このことは，主ひずみ成分で考えるとより良く理解できます．いま，3つの主ひずみ成分があるとして，それらの平均値に係る固有な弾性とそれからの偏りの成分とに固有な弾性がそれぞれ存在するとは想定できるものではありません.

こうした解釈とは別に，式 (3.7) に示す定義の正当性が，数学的直交性の観点から説明される場合もあります．この考え方の主張は次のように説明されます．「一般に，等方テンソルと偏差テンソルとはある種の数学的直交性を成す．したがって，任意の応力テンソルは一般にそれら直交テンソルの 1 次関数として表される．その際に，2 つの任意係数が存在する」．

こうした直交展開は，数学におけるフーリエ級数展開やベクトル量の直交分解にも見られます．しかし，例えば，互いに直交する cos 関数と sin 関数とで作られる任意波形に現われる 2 つの係数が，合成により 1 つの振幅という物理を表すように，また，2 次元の任意のベクトルに対して，直交する単位ベクトルを用いて分解される 2 つの直交成分が 1 つの物理量の大きさに係る量であるように，それらは物理的に独立した固有な物理現象を表すものではありません．したがって，応力成分が数学的に 2 つの直交成分に分解されたとしても，それらに固有な物理が 2 つ存在することを保証するものではありません.

3.3　平均圧力導入の問題点と係数 1/3 の問題点

従来の弾性学においては，流体力学における圧力とのアナロジーで，平均圧力 (mean pressure) が定義されています．これは，先に

説明した主応力の平均値の符号を変えたもので，静水圧応力（hydrostatic pressure stress）とも呼ばれます．

平均圧力は次のように定義されます．

$$\bar{p} = -\frac{\sigma_{kk}}{3} \tag{3.12}$$

ここに，$\bar{p}$ は平均圧力を表します．

式（3.12）に示すように，主応力あるいは垂直応力の平均値で与えられる平均圧力を導入することで，式（3.7）に示す構成方程式は次のように書けます．

$$\sigma_{ij} = -\bar{p}\delta_{ij} + 2G\left(\varepsilon_{ij} - \frac{1}{3}\varepsilon_{kk}\delta_{ij}\right) \tag{3.13}$$

体積弾性係数や平均圧力を定義する従来の弾性学においては，主ひずみの平均値や主応力の平均値が導入されるため，構成方程式に係数 1/3 が本質的な係数として現れます．こうして，構成方程式や変形の支配方程式に次元数が係わることの緒を見出せます．

従来の弾性理論は，流体力学における圧力とのアナロジーにより，平均応力あるいは平均圧力を導入するものですが，その導入により基礎式に次元数を反映する係数 1/3 が不可避的に入り込む結果となっています．したがって，係数 1/3 の現れは何らかの平均値の導入のシンボルと言えます．

式（3.13）の右辺第1項に見る平均圧力の項を流体でいう圧力とみなすと，右辺第2項に見る偏差応力がフックの法則に規定される弾性応力とみなされます．流体力学において，これらの応力は平均圧力とニュートン・ストークスの粘性則（Newton-Stokes viscosity law）に規定される粘性応力(viscosity stress)とに対応させられます．

平均圧力は物理的に定義される圧力を近似するものと言えますが，

圧力とは全く別物であることは明らかです．圧力という物理量がすでに明確に定義されている物理学に，新たに平均圧力を持ちこむ必要性はありません．圧力に加えて不必要に平均圧力の概念を導入したがゆえに，弾性係数 G に加えて第 2 の弾性係数に当たる体積弾性係数 K を必要としたと言えます．またそのことで次元数に依存する係数 1/3 も不可避的に現れるものであることが示されます．

経験的に定義される平均圧力を，弾性学や流体力学から追放することで，それらの基礎理論に本質的な係数として不可避的に派生されてきた係数 1/3 を消し去ることが可能となります．また，不必要に第 2 の弾性係数をも必要としません．そのような理論が仲座の提案する新しい弾性理論となっています．

4章　新たな弾性理論

4.1　圧力の導入

　ここまで従来の弾性理論の問題点や改善すべき事項等の議論が行われてきました．ポアソン比を導入する理論に関しては，ヤング率やポアソン比の定義が修正された上で，客観性を満たす構成方程式及び弾性係数の定義が示されました．

　ここに，客観性を満たす形に修正された構成方程式及び，従来の弾性理論が提示する構成方程式を比較のために再掲します．

　修正ヤング率及び修正ポアソン比を導入する構成方程式：

$$\sigma_{ij} = 2G(\varepsilon_{ij} - \theta \delta_{ij}) \qquad (2.38)：再掲$$

$$\theta = -\Theta\, \varepsilon_{kk} \qquad (2.39)：再掲$$

従来の構成方程式：

$$\frac{\sigma_{kk}}{3} = 3K \frac{\varepsilon_{kk}}{3} \qquad (3.10)：再掲$$

$$\left(\sigma_{ij} - \frac{1}{3}\sigma_{kk}\delta_{ij}\right) = 2G\left(\varepsilon_{ij} - \frac{1}{3}\varepsilon_{kk}\delta_{ij}\right) \qquad (3.11)：再掲$$

　式（2.38）及び（2.39）は，ヤング率及びポアソン比に関する従来の定義を修正し，客観的な形に修正したフックの法則及びポアソ

ンの経験則を表します．これらの関係式は，その客観性から新たな弾性理論が目指すべき道筋を示すものと言えます．

修正ヤング率と修正ポアソン比を導入した理論では，ポアソン効果として現れる等方ひずみがひずみ比を介して求められています．一方で，実測ひずみから等方ひずみを差し引いた分のひずみは，式（2.38）に示すフックの法則から求められています．この場合，異なる物理法則からひずみがそれぞれ算出されるところに未だ問題点が残されていると言えます．

式（3.10）及び（3.11）に示す従来の理論は，一般に次なる構成方程式の形に表されます．

$$\sigma_{ij} = K\varepsilon_{kk}\delta_{ij} + 2G\left(\varepsilon_{ij} - \frac{1}{3}\varepsilon_{kk}\delta_{ij}\right) \qquad (3.7)：再掲$$

従来の構成方程式（3.7）を成す式（3.10）及び（3.11）に対しては，フックの法則に異なる2つの弾性係数が現れ，結果として2種類のフックの法則を作り出しているところに根源的な問題点を見出すことができます．

こうした従来の弾性理論が抱える問題点を全て解決できるような新たな理論が求められます．その創生は，"圧力"の発見から始まります．圧力の"発見"とは，圧力という物理概念の初めての発見というのではなく，ポアソン効果をもたらせる応力を材料内部に見出し，それを圧力として認めるということを意味します．

ここに，式（2.38）を再掲します．

$$\sigma_{ij} = 2G(\varepsilon_{ij} - \theta\delta_{ij}) \qquad (2.38)：再掲$$

この構成方程式の右辺カッコ内の第2項からは，$2G\theta\delta_{ij}$ という形の

等方応力が現れます．この等方応力を圧力あるいは内部圧と呼び，以下 p で表します．すると，次なる関係式が直ちに与えられます．

$$p = 2G\theta \tag{4.1}$$

材料内部に圧力という等方応力が潜在することを認めることで，ポアソン効果をもたらせる力の正体が説明可能となります．同時に，そのことは，ポアソン効果として現れる等方ひずみと圧力の関係が式（2.38）に示すフックの法則と同じ法則で規定されることを意味します．

式（2.38）及び（4.1）は，フックの法則に弾性係数がただ1つ存在することを主張します．したがって，以下の弾性係数の表記においては，ただ1つの弾性係数（Elasticity）という意味において" $2E$ "を以て表します．

以上の議論により，実測されるひずみは，テンソルを用い次のように表されます．

$$\varepsilon_{ij} = \theta\delta_{ij} + \left(\varepsilon_{ij} - \theta\delta_{ij}\right) \tag{4.2}$$

式（4.2）は，実測されるひずみがポアソン効果として現れる等方ひずみ（右辺第1項）と，それを差し引いて与えられるひずみ成分（右辺第2項）から成ることを表します．式（2.38）及び（4.1）は，それらのいずれのひずみも同じフックの法則で規定されることを示しています．

従来の式（3.10）及び（3.11）では，等方ひずみとして平均ひずみが導入されています．しかしながら，ポアソン効果として観測されるひずみが主張するように，特別に取り扱わなければならないひずみは，ポアソン効果として現れる等方ひずみと言えます．

特別に取り扱わなければならない等方ひずみに代わって平均ひずみが導入されたがゆえに，式（3.10）及び（3.11）では２つの異なる弾性係数を必要としています．すなわち，これら２つの弾性係数の存在の必要性は，特別に取り扱わなければならない等方ひずみに平均ひずみを当てたがゆえの不適切さを補正するためにあったと言えます．

式(4.1)に示すように，ポアソン効果として現れる等方ひずみは，圧力が引き起こすものと説明されます．その圧力の大きさは，例えば式（4.1）を用い，ポアソン効果として現れる等方ひずみθの実測値から容易に求められます．

圧力の存在を認め，ただ１つの弾性係数を認めるところが新しい弾性理論の根幹を成します．以下に，新しい弾性理論の概観を垣間見ることにします．

式（4.2）に示すように，実測ひずみの内，ポアソン効果として現れる等方ひずみは内部圧が引き起こします．したがって，外部荷重の成す仕事Wを

$$dW = \sigma_{ij}\,d\varepsilon_{ij} \tag{4.3}$$

で求め，それが弾性ひずみエネルギーを成すとする定義は誤りと言えます．その理由は，実測ひずみにはポアソン効果としての等方ひずみも含まれており，外部荷重のなす仕事と圧力の成す仕事は不可分的に同時発生することにあります．

その結果，圧力と外部荷重による応力とが成す仕事が，次のように表されます．

$$dW = \left(\sigma_{ij} + p\delta_{ij}\right)d\varepsilon_{ij} \tag{4.4}$$

ここに，右辺カッコ内の第1項が有効仕事に通じ，圧力の成す仕事は単に系の膨張に費やされる仕事を表すことになります．

可逆過程を想定すると，これらの仕事が弾性ひずみエネルギーとして蓄えられることになり，弾性ひずみエネルギーが弾性係数を一定と置いた上で，次のように定義されます．

$$\int \left(\sigma_{ij} + p\delta_{ij}\right) d\varepsilon_{ij} = E\varepsilon_{ij}^2 \tag{4.5}$$

式（4.5）は，弾性ひずみエネルギーが外部への有効仕事へ費やされるのみでなく，圧力による系の膨張にも不可避的に費やされることを表します．

これに対し，従来の弾性理論は，弾性ひずみエネルギーを次のように定義しています．

$$\int \sigma_{ij} \, d\varepsilon_{ij} = \frac{1}{2} K\varepsilon_{kk}^2 + G\left(\varepsilon_{ij} - \frac{1}{3}\varepsilon_{kk}\delta_{ij}\right)^2 \tag{4.6}$$

この場合にも弾性係数は一定と仮定されています．こうして従来の定義では2種類の弾性ひずみエネルギーが現れます．

2つのラメ係数を導入するとき，従来の弾性ひずみエネルギーは次のように表されます．

$$\int \sigma_{ij} \, d\varepsilon_{ij} = \frac{1}{2} \lambda \varepsilon_{kk}^2 + G\varepsilon_{ij}^2 \tag{4.7}$$

この場合，式形は単純になりましたが，依然として2種類の弾性ひずみエネルギーが存在します．

従来の弾性理論による弾性ひずみエネルギーの定義は，2種類の

弾性ひずみエネルギーを認めた上で，それらが全て外部に成す仕事として利用可能であることを意味します．

従来の弾性理論と新しい弾性理論は，"平均圧の導入"と"真の圧力の導入"という相違を起点として，それぞれ全く異なる展開を見せます．式形を比較し，その数学的調和や美しさから，容易にその真価が予想できようかと思います．本章では，この新しい弾性理論について様々な角度から紹介していきます．

4.2 基本原理

新たな弾性理論における基本原理は，以下に示す3つから成ります．

1) 弾性体の相対的微小変形は，フックの法則で規定され，それにはただ1つの弾性係数が係わる．
2) 弾性体の相対的変形は，外部荷重の成す応力と内部圧による．したがって，それらの成す仕事が弾性ひずみエネルギーとして系内に蓄えられる．
3) 内部圧は状態方程式で規定される．

新しい弾性理論は，これら3つの基本原理から演繹されたものと言うより，逆に新しい弾性理論を一通り演繹した上で，その過程に共通の概念として現れる事項が上記の基本原理として取りまとめられたものと言えます．

ここで対象としている材料の相対的微小変形は，フックの法則に規定されます．そのような特性を見せる材料はフック弾性体（Hookean elastic solid）と呼ばれます．またここで対象とする材料

は，一様 (uniformity)，均質 (homogeneous)，そして等方性 (isotropy) なる材料特性を有するものと考えます．

　金属やコンクリート，レンガや岩石など，実際に取り扱われる材料のほとんどは，厳密に言うと非一様，不均質，非等方性なる材料特性を有します．しかし，そのような特性を持つ材料にあっても，それらが理論的に取り扱われる場合（本書では），上述の理想的材質特性を持つ連続体（continuum）として取り扱われます．

4.3　フックの法則

　ここに至るまでに，さまざまな観点からフックの法則，とりわけ従来の弾性理論におけるフックの法則の解釈の問題点が議論されてきました．ここで，改めてフックの法則について定義付けることにします．

　フックの法則は当初，ばねに対し次のように与えられました．「作用する力の大きさとばねの伸び量の間に比例関係が見られる」これがフックの法則と呼ばれています．フックは，ばね以外に金属や岩石など，我々の身の周りに見られる通常の材料に対しても同様な関係が存在することを見出しています．

　フックの法則をばね以外の材料に対しても適用すると，「材料の相対的微小変形は作用応力に比例する」と読み換えられます．

　材料の相対的微小変形の内で，剛体回転（rigid body rotation）に対しては，座標軸の回転によって材料に実質的な変形が生じていないことを確かめることができます．したがってそうした回転は，以下に議論されるフックの法則の適用対象外となります．

　剛体回転を除く材料の相対的微小変形は，一般に微小ひずみテン

ソルを以て表されます.また,応力は応力テンソルを以て表されます.テンソル解析によると,等方性材料に対する応力テンソルと微小ひずみテンソルの「線形関係(linear relation)」は,唯一,次のように表されます(第3章を参照).

$$\sigma_{ij} = \lambda \varepsilon_{kk} \delta_{ij} + 2E \varepsilon_{ij} \qquad (3.2):再掲$$

ここに,σ_{ij} は応力テンソル,ε_{ij} は微小ひずみテンソル(以下,単にひずみテンソルと呼ぶことにします),E 及び λ は係数です.

したがって,応力テンソルとひずみテンソルの「比例関係(proportional relation)」は,唯一次のように表されます.

$$\sigma_{ij} = 2E \varepsilon_{ij} \qquad (4.8)$$

これが,フックの法則の一般式を表します.ここに,係数 E はフックの法則に導入される唯一の弾性係数を表します.

式 (4.8) に示すフックの法則によると,材料変形にはそれを引き起こす応力が必ず存在しなければなりません.こうして,フックの法則で規定され,ひずみ量に比例する内部応力が,弾性応力(elastic stress)と定義されます.

4.4 内部圧の状態方程式

材料内部に圧力(pressure)の存在を認めることが,新しい弾性理論の緒と言えます.材料は温度変化に対して等方的変形を見せます.また,1軸圧縮や引張試験に見るように,材料は体積変化(すなわち,密度変化)に抵抗しポアソン効果と呼ばれる等方変形を見せます.

新しい弾性理論は，先に述べた3つの原理に支配されます．したがって，いかなる弾性変形もフックの法則に規定されなければなりません．フックの法則に従うなら，密度変化や温度変化の際に見られる等方的変形を引き起こす等方応力が必ず存在しなければなりません．

それらの等方変形を引き起こす応力が材料内部の圧力変動として定義されます．熱力学は，材料内部に規定される圧力が1つの状態量として定義され，それが材料密度や温度など2つの状態量で規定されること，さらに，それら状態量が状態方程式で規定されることを教えます．熱力学の教えに従えば，圧力は次のように材料密度と温度の関数で与えられます．

$$P = P(\rho, T) \tag{4.9}$$

ここに，P は材料内部に潜在する状態量としての圧力，ρ は密度，T は温度を表します．

したがって，状態量としての圧力の変動量は，その全微分を以て次のように表されます．

$$p = \frac{\partial P}{\partial \rho / \rho_0} \frac{d\rho}{\rho_0} + \frac{\partial P}{\partial T / T_0} \frac{dT}{T_0} \tag{4.10}$$

ここに，p は状態量としての圧力の変動量（以下，単に圧力あるいは内部圧と呼びます），$d\rho/\rho_0$ は密度の相対的変動量，dT/T_0 は温度の相対的変動量，ρ_0 は材料の初期密度，T_0 は初期温度に対応する状態量を表します．式 (4.10) を以て弾性体の状態方程式 (equation of state) と呼ぶことができます．

状態方程式に則って一旦内部圧が与えられれば，第1の原理によ

り，その内部圧 p によって引き起こされる等方ひずみ θ は，フックの法則に則って次のように予測されます．

$$p = 2E\theta \qquad (4.11)$$

逆に，ポアソン効果によるひずみや温度変動に伴うひずみが実測されるとき，それらを引き起こした内部圧が，式（4.11）を通じて算出されることになります．

ポアソンはポアソン効果を見出し，現在ポアソン比と呼ばれる係数の導入を行いました（式（2.5）を参照）．ポアソンの導入したポアソン効果の項は等方性を満たしていないという問題をはらんでいたものの，それを以てひずみの予測は可能となりました．しかし，ポアソン効果として現れる等方変形がいかような力によって発生するものであるかについては，不問に付すとする内容にありました．

新しい弾性理論では，ポアソン効果の発生に対しても，式（4.1）に示すフックの法則を適用し，それが内部圧によるものであることを主張します．

式（4.1）の導入，あるいは圧力の存在の発見は，1軸圧縮の際の断面膨張や自由熱膨張の際の材料の変形状態を考えれば，ごく当然のことと言えます．したがって，式（4.1）の導入はいわばコロンブスの卵と言えます．

式（4.9）に示す状態方程式には，状態量として密度と温度が選択されていますが，エントロピーあるいは内部エネルギーなど，その他の状態量を選択することも考えられます．また状態方程式は，フックの法則と異なり線形式である必要はなく，例えば，圧力変化と温度変化の間に非線形関係を認めることも可能と考えられます．

4.5 構成方程式

等方性弾性体の微小変形は，先に述べた３つの原理によって支配され，以下に示すフックの法則を連立することで予測されます．

$$\sigma_{ij} = 2E(\varepsilon_{ij} - \theta\delta_{ij}) \tag{4.12}$$

$$p = 2E\theta \tag{4.11}：再掲$$

式（4.12）は，外部荷重による応力とそれが引き起こす相対的微小変形量の関係を規定するフックの法則です．式（4.11）は内部圧とそれが引き起こす等方ひずみの関係を規定するフックの法則です．実測されるひずみの内，等方ひずみ θ の分は，内部圧が引き起こすものと定義されていますので，式（4.12）ではそれが実測ひずみから差し引かれています．

式（4.11）及び式（4.12）を連立し，以下に示す構成方程式が得られます．

$$\sigma_{ij} = -p\delta_{ij} + 2E\varepsilon_{ij} \tag{4.13}$$

フックの法則という意味においては，内部圧も材料変形を引き起こす応力の１種ですので，左辺に移行し次のように表す方がより適切と言えます．

$$\sigma_{ij} + p\delta_{ij} = 2E\varepsilon_{ij} \tag{4.14}$$

材料の変形量をひずみで測るとき，実測されるひずみは，一般に外部荷重に比例するひずみと内部圧に比例するひずみの両者を不可分として含みます．したがって，ひずみと応力の関係という意味では，確かに式（4.14）の表示の方がより物理的意味を有するものと

言えます.

ここで, 材料変形に係る応力を改めて τ_{ij} (あるいは, 単に $\boldsymbol{\tau}$) で記し

$$\tau_{ij} = 2E\varepsilon_{ij} \tag{4.15}$$

を得ます. この関係式はフックの法則の一般式を成し, すべての相対的微小変形の発生に何らかの応力が必ず係わることを表します. フックの法則がこの式形に書けなければならないことは, すでに式 (4.8) を与える過程で確認されています.

式 (4.13) において, $i \neq j$ の場合に対し, 係数 E が従来のせん断弾性係数 G と等値であることを確かめられます. しかし, ここで, 弾性係数 E にせん断弾性係数という物理的意味合いはまったく存在しません. 唯一の弾性係数という意味で, elasticity の頭文字「E」を以て表されています. 式 (4.8) の後にも触れましたが, 式 (4.15) で表わされる内部応力を弾性応力と呼ぶことにします.

4.6 従来の弾性理論との関係

状態変化に, 等温を仮定すると, 内部圧に係わる状態方程式 (4.10) は, 次のように与えられます.

$$p = \frac{\partial P}{\partial \rho / \rho_0} \frac{d\rho}{\rho_0} \tag{4.16}$$

式 (4.16) は, 質量保存則

$$d\rho = -\rho \varepsilon_{kk} \tag{4.17}$$

の適用により，さらに次のように書き換えられます．

$$p = -\frac{\partial P}{\partial \varepsilon_{kk}}\varepsilon_{kk} \tag{4.18}$$

ここに，ε_{kk} は体積ひずみを表します．

　ここで，式（4.18）の関係に，比例近似を持ち込むと，次なる関係が得られます．

$$-p = \chi\,\varepsilon_{kk} \tag{4.19}$$

ここに，χ は比例係数であり，弾性係数の次元を有します．

　式（4.19）を式（4.13）に代入し，次式が得られます．

$$\sigma_{ij} = \chi\varepsilon_{kk}\delta_{ij} + 2E\varepsilon_{ij} \tag{4.20}$$

　式（4.20）は，2つのラメ係数を導入する従来の構成方程式（3.2）とまったく同じ式形を成します．すなわち，従来の2つの係数を有する構成方程式が，状態変化に"等温"を仮定し，ここに示す新しい理論から派生されるものであることを示せます．

　ただし，式形は両者ともに全く同じであっても，従来の理論では式（3.2）の右辺第1項を左辺に移行し，それを外部荷重による応力と同様に弾性体に変形を生じさせる能動的な応力として取り扱わなければならないとする発想はありません．すなわち，従来の弾性理論には，式（4.11）の存在がありません．この違いが両理論の根源的な相違となります．

　この点の説明は，従来の理論と新しい理論との決定的な違いを明確にする上でも非常に重要となります．式（3.2）や式（4.20）の式形のみの類似性からフックの法則が式（3.2）で与えられると考えて

はなりません．弾性理論は，状態方程式を通じて熱力学との関連が議論されます．式 (3.2) は，状態変化を等温と仮定した上で，すでに状態方程式がフックの法則と連立された形となっています．すなわち，状態変化が等温であるという条件の導入無しには式 (3.2) を得ることはできません．このことこそが，状態方程式の導入を暗黙としています．このことは従来の弾性学ではあまり議論されていません．その結果，式 (3.2) がフックの法則のみで成立していると誤って解釈される恐れがあります．式 (3.2) は，等温状態変化の仮定（状態方程式の導入）の下での内部応力の構成方程式を表します．

ここで，式 (4.20) に導入される係数 χ を以て，弾性係数 $2E$ とは異なる第 2 の弾性係数の存在の必要性が主張される恐れもあります．しかし，内部圧 p が引き起こす等方変形は θ であり，実測される体積ひずみ ε_{kk} とは必ずしも一致するものではありません．フックの法則を成すのは p と θ の関係であり，それらの関係は式 (4.11) で表されます．そこには唯一の弾性係数 $2E$ が表れています．また，式 (4.19) はあくまでも状態方程式として誘導されていることに注意を要します．

内部圧 p が引き起こす等方変形 θ は必ずしも容易に実測されるものではありません．したがって，一般に実測可能となる体積ひずみ ε_{kk} を以て表しておく方が都合がよいと考えられます．式 (4.19) に導入される係数 χ は等方変形 θ を実測の容易な体積ひずみ ε_{kk} で置き換えたことによって現われる見掛け上の弾性係数とみなすことができます．このことは次節にてさらに議論されます．

4.7 修正ヤング率と修正ポアソン比の関係，状態方程式の同定

式（4.10）に示されるように，内部圧は状態方程式を通じて求められます．状態方程式はフックの法則と異なり，そこに線形関係のみでなく，非線形関係を持ち込むことも可能と言えます．しかし，弾性体の微小変形を対象とする限り，フックの法則と同様に線形関係式を以って十分と判断されます．

ここでは，測定可能な物理量を以て状態方程式（4.10）を同定することを考えます．そのために必要となる関係式をここに再掲します．

$$\sigma_{ij} = 2E\left(\varepsilon_{ij} - \theta\delta_{ij}\right) \qquad (4.12)：再掲$$

$$\theta = -\Theta\varepsilon_{kk} \qquad (2.39)：再掲$$

$$\Theta = \frac{\nu}{1-2\nu} \qquad (2.37)：再掲$$

内部圧とそれが引き起こす等方応力の関係に対しては，次に示すフックの法則が存在します．

$$p = 2E\theta \qquad (4.11)：再掲$$

式（2.39）は，ポアソン効果で現れる等方ひずみと実測可能な体積ひずみの関係を与えます．よって，式（4.11）より次なる状態方程式が与えられます．

$$p = 2E\theta = 2E \cdot \left(-\Theta\,\varepsilon_{kk}\right) \qquad (4.21)$$

この状態方程式はそのままフックの法則を成します．しかし，この状態方程式は，修正ヤング率や修正ポアソン比を導入する関係式をもとに演繹されていますので，状態変化が等温の場合に限られます．

温度変化を伴う一般の場合に対しては，従来の弾性理論が次のよ

うに与えるデュアメル・ノイマンの法則（Duhamel-Neumann law）を利用します．

$$\sigma_{ij} = \lambda\varepsilon_{kk}\delta_{ij} - \beta(T-T_0)\delta_{ij} + 2G\varepsilon_{ij} \qquad (4.22)$$

ここに，T は温度，T_0 は初期材料の基準温度を表します．

式（4.22）に示す構成方程式と式（4.13）を比較し，次なる関係を得ます．

$$p = -\lambda\varepsilon_{kk} + \beta(T-T_0) \qquad (4.23)$$

あるいは

$$p = 2E(-\Theta\varepsilon_{kk}) + \beta(T-T_0) \qquad (4.24)$$

これが温度変化を伴う場合の内部圧の状態方程式を表します．ここで，右辺第1項の等方変形は等温状態変化によることに注意が必要です．

以上の式において，β は線膨張係数（linear expansion coefficient）を表します．係数 β は，自由熱膨張に対し，式（4.13）と式（4.24）を基に実験的に求められます．

ここで，式（4.24）が状態方程式となっていることの確認を行っておきます．まず，理想気体の状態方程式から実在材料の状態方程式は次のように与えられます．

$$PV = R(TO+T) \qquad (4.25)$$

ここに示す圧力や体積は実在材料に対するものであり，理想気体のそれらとは異なる事は論をまちません．R は材料定数を表します．また，TO は絶対温度ゼロにおいて与えられるエネルギー

状態を表すための状態量を表します．以下においては，この状態量を潜在的温度と呼ぶことにします．

式（4.25）の全微分を取り，単位体積に関し，以下の関係式を得ます．

$$p = P(-\Theta \varepsilon_{kk}) + \frac{P}{TO+T}(T-T_0) \tag{4.26}$$

ここに，p は潜在的な圧力の変動量であり内部圧を表します．

式（4.24）と式（4.26）の比較から，それらが内部圧の状態方程式を表すものであることを確かめられます．理想気体では，一般に $TO = 0$ として与えられますが，実在材料に対して TO はゼロではありません．

次に，内部圧と経験的に導入される平均応力の関係を調べておきます．式（4.13）に示す応力の縮約をとり，次式が与えられます．

$$\frac{\sigma_{kk}}{3} + p = \frac{2E}{3}\varepsilon_{kk} \tag{4.27}$$

すなわち

$$p = -\left(\frac{\sigma_{kk}}{3} - \frac{2E}{3}\varepsilon_{kk}\right) \tag{4.28}$$

従来の弾性理論が導入する平均応力は，主応力の平均値として与えられます．内部圧は，主応力の平均値として与えられる平均応力から弾性応力の平均値を差し引いて与えられます．

さらに，従来の弾性理論が定義する体積弾性係数に関し，次の関係式が成立することも容易に確かめられます．

$$\frac{K}{2E} = \frac{1+\nu}{1-2\nu} \tag{4.29}$$

これまでに，従来の弾性理論が定義するいくつかの弾性係数が現れました．このことは，従来の弾性係数の定義を肯定するものではありません．従来の弾性係数は，実験等で容易に求められる実験係数としての実用性はあっても，その定義は客観性を有せず経験的なものと言えます

弾性係数はあくまでもただ1つと考えなければなりません．その上で，圧力を規定する状態方程式が，既存の経験的実験定数から容易に同定されるものであると理解しなければなりません．

式 (2.39) に示すように，係数 Θ は等方ひずみ θ と実測される体積ひずみ ε_{kk} の比を表し，修正ポアソン比を表します．また，式 (2.33) と (4.11) の比較から，等温状態変化の場合，内部圧が次のように与えられます．

$$p = -\frac{3\Theta}{1+3\Theta} \frac{\sigma_{kk}}{3} \tag{4.30}$$

したがって，係数 Θ は，外部荷重がいかような比を以て等方応力に分配されるかを示す指標であると言えます．

式 (4.15) に示されるように，フックの法則の弾性係数を表すには係数 $2E$ が当てられています．それに加えて，係数 Θ が材料によって変化するのは，材料の多結晶構造，材料の不均一性やポーラス性などに基づくものと推測されます．いずれにしても，係数 Θ は材料の等方性に係わる重要な係数に位置付けられます．

4.8 新たな応力評価

従来の弾性理論の応用によると,材料の塑性変形や材料の破壊などの耐力評価には,応力テンソルを基に,最大主応力の大きさ,せん断応力の大きさ,そしてせん断ひずみエネルギーの大きさなどが調べられています.

しかしながら,人の目視による判断は材料変形すなわちひずみの大きさに基づいたものとなっています.新しい弾性理論に従うとき,人の目視による直観的判断と理論が示す判断基準とが完全に一致するものとなります.以下にその方法について説明します.

まず,式 (4.14) の形にならうと,従来の構成方程式 (3.7) は次のように表されます.

$$\sigma_{ij} + \bar{p}\delta_{ij} = 2G\left(\varepsilon_{ij} - \frac{1}{3}\varepsilon_{kk}\delta_{ij}\right) \quad (4.31)$$

ここに,左辺第2項は平均圧力(平均応力の符号を変えた量)を表します.

これに対し,新しい構成方程式は式 (4.14) で与えられます.

$$\sigma_{ij} + p\delta_{ij} = 2E\varepsilon_{ij} \quad (4.14):再掲$$

ここで,材料の縦方向1軸圧縮を例にとると,従来の弾性理論は横方向 (ε_{22} 方向) に次なる関係式を与えます.

$$\bar{p} = 2G\left(\varepsilon_{22} - \frac{1}{3}\varepsilon_{kk}\right) \quad (4.32)$$

これに対し,新しい弾性理論に基づく式 (4.14) は,横方向に次なる関係式を与えます.

$$p = 2E\,\varepsilon_{22} \qquad (4.33)$$

式（4.33）は，横方向の変形が等方でありかつ，それが内部圧によるものであることを教えます．さらに，その内部圧の大きさが，いま実測している横方向ひずみから容易に実測されるものであることをも教えます．これに対し，従来の式（4.32）はそのような解釈を与えるものとはなっていません．

ここまで議論されてきたように，実測される材料の変形量，すなわちひずみは，外部荷重による応力のみでなく内部圧の影響をも受けています．したがって，材料変形は，外部荷重と内部圧とに材料が耐えている姿を表します．よって，材料の耐力評価の対象とすべき応力は，材料が耐えている姿を具現化する応力に設定されます．

以上の議論により，応力評価の対象とすべき応力は，式（4.14）の右辺すなわち，次に示す弾性応力テンソルを以て表されます．

$$\tau_{ij} = 2E\,\varepsilon_{ij} \qquad (4.15)：再掲$$

人は，観察される材料変形すなわち，ひずみの大きさを以て材料の耐力評価を直感的に行っています．式（4.15）に示す新しい評価法は，評価すべき応力と材料変形とが単純に比例するものであることを示し，人の目視観測結果と弾性理論による応力評価とが相対的に完全に一致するものであることを教えます．

これに対し，従来の弾性理論は，式（4.31）の右辺に示す偏差応力の大きさなどを以て塑性や破壊強度の指標に位置づけようとしてきました．従来の理論が偏差応力成分に判断の根拠を頼ろうとするその精神は，式（4.14）と式（4.31）の対比から理解できるものの，従来の考え方が経験的なものとなっていることは否めません．

4.9 脆性材料の破壊と材料強度

ここに，材料の脆性破壊に関し興味深い実験結果を示します．この実験は，コンクリートの供試体を用いて行われたもので，写真は，名古屋工業大学名誉教授岡島達雄博士の提供によるものです．

岡島博士は，コンクリート材のような脆性材料が，さまざまな応力を受ける状況下でどのような面上に破壊を見せるものであるかを調べました．また，その破壊をもたらせた応力（材料強度）や破壊時のひずみの大きさについても調べました．

岡島博士によると，これらの実験にはいくつかの工夫が施されています．中でも以下の議論に係る問題として，材料の高さと幅の比であるアスペクト比を H/D ＝ 3 としている点が上げられます．これは，通常のように H/D ＝ 2 とすると，材料と試験機の間の端面摩擦やトルク載荷時の断面拘束の影響が，観察しようとしている材料の中央部にまで及ぶことを避けるための工夫です．

写真の左から順に，純圧縮，圧縮・ねじり，純ねじり，ねじり・引張，純引張という荷重条件下での実験結果を示します．よく調べ

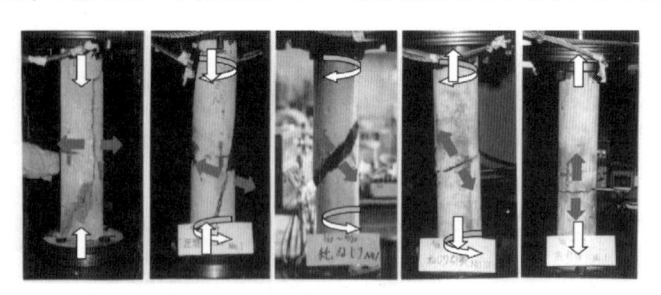

純圧縮　　圧縮・ねじり　　純ねじり　　ねじり・引張　　純引張

写真－1　複合応力を受けるコンクリートの破壊
（岡島博士提供）

てみると全てのケースで，材料は引張面（最大主ひずみ面）に沿って破壊面を見せています．したがって目視的な観察，あるいは人の直感的判断は次のような解釈を与えます．「脆性材料の破壊は，いかなる荷重条件下であっても，引張面上の引張応力（最大主応力）による破壊と判断される」．

しかしながら，このような判断に対して，従来の弾性理論によって破壊面上の引張応力を調べてみると，純圧縮の場合，破壊面（すなわち，最大主ひずみ面）上の垂直応力はゼロと予測されます．その他の破壊に対しては，破壊面上の垂直応力として有意な引張応力が予測されるのに対し，この場合には正真正銘に破壊面上の垂直応力はゼロと予測されます．

応力ゼロの状態で破壊に至るとする説明を与える訳にはいけません．これは無応力下の破壊を意味し，マジックの世界でしかあり得ないことです．

このような場合，従来の弾性理論は，目視的判断が「引張面上の引張応力による破壊」というのに反し，破壊面と直角方向に働く圧縮応力を以て材料の強度に設定しています．その結果，この場合の材料強度は，引張強度などその他の強度の 10 倍程度の値を示します．

純圧縮以外の破壊に対しては，理論的予測も人の目視的観察も「引張面上の引張破壊」と判断させるものであるのですが，純圧縮の場合に限り，それとは直角方向にある応力を以て破壊時の応力（材料強度）にあてがう様は，応力評価の一貫性に大いに欠けると言わざるを得ません．

実際の構造物の設計など，脆性材料の耐力評価を行う際には，弾性理論解析に基づいて得られる応力分布を基に引張応力（すなわち，最大主応力）の発生箇所に注意が払われます．しかしながら，1軸

圧縮試験の場合が示すように，実験結果は，引張応力がゼロと予測される場合であっても破壊が生じることを示しており，従来の引張応力に着目した応力評価が必ずしも適切でないことを示唆するものとなっています．

破壊や塑性に至る判断が，最大せん断応力やせん断ひずみエネルギーの大きさに基づかされる場合もあります．しかしながら，写真－1に見る全ての破壊は，最大せん断応力面上になく，むしろ最大主応力面上に生じることを示しており，こうした従来の判断が必ずしも根拠のあるものでないことを示唆しています．

このような問題点の改善策として，内部摩擦角が導入される場合もあります．しかし，実験結果が示すように，最大せん断応力面から45度も傾いた最大主応力面上に破壊を予想するためには，内部摩擦角として90度に近い角度の導入を必要とし，現実的に受け入れられるものではありません．

材料強度は，圧縮強さと引張強さ，あるいはせん断強さなど，変形の形体に依存するのであろうか？ 単純に考えると，1つの材料に1つの強度という特性値が存在しそうです．しかし，従来の弾性理論は，材料強度が変形の形体に依存するものとしています．その結果，圧縮強度，引張強度，せん断強度など材料変形の形体に対応した強度が実験的にそれぞれ求められています．

新しい弾性理論では，これらが全て統一的に説明されます．人の目視による観察結果と違わず，全ての場合に対し，引張面上の引張応力による破壊と判断され，材料には強度としてただ1つ「引張強度」が定義されます．そして，純引張や引張・トルク作用時など，引張強度に差が現れるのは，材料の状態の違いによるものと説明されます．材料の状態量は，内部圧の大きさを以て測られます．

前節において，材料に変形を及ぼすのは外部荷重による応力のみでなく，内部圧も関係することが明らかにされました．その結果，耐力評価の対象とすべき応力は外部荷重による応力 σ_{ij} のみでなく，内部圧の影響も含めた合応力でなければならず，その合応力は式 (4.14) の右辺あるいは式 (4.15) で表される弾性応力を以て与えられます．式 (4.15) に示すように，弾性応力の値はひずみに単に弾性係数を乗じて与えられます．

式 (4.15) によると，ひずみが観測される全ての箇所に，それを引き起こした何らかの応力が必ず作用しているものと判断されます．したがって，縦方向1軸圧縮の場合に対しても，最大主ひずみ (ε_1) が観測される方向，すなわち横方向に弾性応力の最大主応力が $2E\varepsilon_1$ と予測されることになります．これは，外部荷重の直接的な作用によるのでなく，内部圧 $p\left(=2E\varepsilon_1\right)$ によるものと説明されます．

岡島博士は，写真-1に示す破壊を含め，さまざまな荷重下のコンクリート供試体の破壊基準として，最大主ひずみ量を求めています．その最大主ひずみに弾性係数を乗じて求めた材料強度を図-1に示します．

図において，●印は従来の弾性学に基づく圧縮強度が 28MPa を示す供試体に対する結果，○印は圧縮強度が 43MPa の場合に当たります．材料強度は，材料の密度など状態量に依存すると想定されますので，横軸としての整理は内部圧の値に設定すべきですが，実験では内部圧が求められていません．よって，それを平均応力で近似させてあります．

図-1の縦軸は，式 (4.15) に従い，最大主ひずみに弾性係数を乗じて求めた材料強度を表します．図中の矢印で示すデータは，純圧

縮および純引張の場合に対応します.

図に示すように，いかなる荷重下であっても，材料強度は統一的に整理されており，しかも，圧縮強度の違い（○印及び●印のデータの違い）による傾向の違いはほとんど認められません．図−1において，実験結果の平均的な傾向は直線を以て近似されています．しかしながら，実験値は必ずしも直線近似がベストであることを主張するものではありません．こうしたことの詳細な検討は，実験値の圧力による再整理も含めて今後の研究に期待されるところです.

材料の強さは，温度や材料密度など，材料内部の状態量の影響を受けて変化するものと推測されます．そのような仮定によると，図−1において，圧縮側で材料強度が増加する理由は，材料密度の増加で説明され，逆に，引張側で材料強度が低下する理由は，材料密度の低下の影響によるものと説明されます.

図−1において，圧縮強度が1.5倍ほど異なる2種類のコンクリートが用いられているにも係わらず，新しい定義による強度評価で

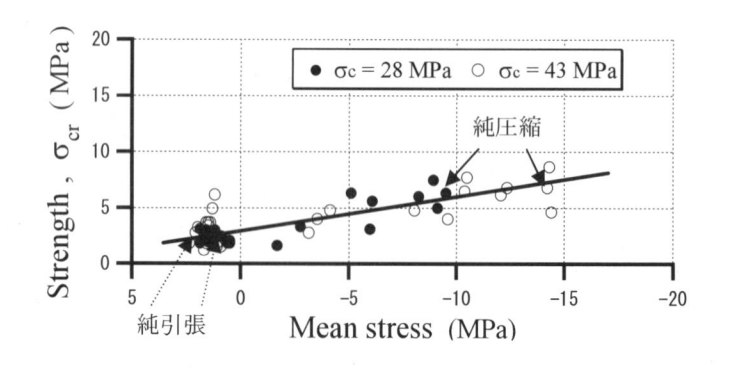

図−1　弾性応力にもとづく材料強度

はそれらに違いがほとんど現れず，平均応力で近似される圧力変化（材料密度変化，すなち材料状態）のみに依存する形で強度に違いが現れるということの示唆は，非常に興味ある問題と言えます．

ここに示すように，新しい定義による弾性応力テンソル τ_{ij} の最大主応力に着目することで，純圧縮から純引張まで，いかような荷重条件下の材料強度も統一的に予測されます．また，破壊面の方向もいま着目している最大主応力の面上に予測されます．

外部荷重が引き起こす応力テンソル σ_{ij} のみに着目する従来の応力評価は，1軸引張りに対してはその最大主応力を以て材料強度にあて，破壊面もその応力面上に予測するものとなっています．しかし，1軸圧縮の場合には破壊面の方向と直角方向の圧縮応力を以て材料強度に指定し，破壊面はその応力面とは90°異なる引張面上に予測しています．こうして従来の手法には，応力評価に一貫性がありません．

これに対し，新たな理論では，新しい定義による弾性応力テンソル τ_{ij} の最大主応力のみに着目し，その大きさとその面の方向が調べられます．こうして，新たな応力評価には一貫性があります．

材料が熱を受け膨張している場合であっても，その膨張を引き起こしている内部圧の大きさが予測され，熱膨張で破壊に至る場合に対しても，まったく同じ手法でその際の材料強度が予測されます．材料が熱を受ける際の応力については，後の節であらためて議論します．

ここに示す材料の破壊は，破壊が塑性変形を示さず，弾性の状態から急激に破壊を示すような脆性的なものを対象としています．しかし，材料によっては弾性から塑性を経て破壊に至る延性破壊も多く存在します．例えば，軟鋼などがその代表例と言えます．

塑性変形は，体積保持変形で特徴づけられます．すなわち，非圧縮状態変化としての変形と言えます．非圧縮変形（あるいは，非圧縮状態変化）を実現するには，材料変形は純粋せん断変形に頼るしか術がありません．その結果，塑性変形に至る降伏は最大せん断応力に支配されることになるものと推定されます．

この場合，対象とするせん断応力は，新たな理論に従う弾性応力も従来の理論による応力も一致します．しかし，そうであっても，新たな弾性理論の場合，状態変化の評価に圧力が当てられている点で従来と異なります．すなわち，応力評価が脆性破壊の場合と同様に，圧力と弾性応力（この場合，その最大せん断応力）に当たられている所に注目しておく必要があります．

脆性と延性の中間程度の性質を示す材料の場合，弾性応力の最大主応力面と最大せん断応力面の中間程度に破壊面や降伏面の方向が現れるものと想定されます．このような現象を理論的にどのように取り扱っていくかは非常に難しい問題と言えますが，その場合であってもその情報は，圧力を規定する状態方程式に内包されることになるのではないかと想定されます．こうした点の解明は，今後の研究によらなければなりません．

従来の理論では，中間主応力の取り扱い方の違いにより，破壊基準や降伏基準にトレスカの正6角形やミーゼスの円を始めとして，モール・クーロンの応力円，正8面体，おむすび型など，実に様々な形状を有するものが提案されています．新たな理論は，そのような形状や中間主応力の概念を否定し，応力評価が圧力と弾性応力の大きさ，そしてその作用面の方向のみに基づくべきであることを主張します．

4.10 支配方程式

オイラー (Euler) の運動方程式は，次のように与えられます．

$$\rho \frac{\partial^2 \boldsymbol{u}}{\partial t^2} = \rho \boldsymbol{X} + \frac{\partial}{\partial x_j} \sigma_{ij} \tag{4.34}$$

この式に構成方程式（4.13）を代入し，次に示す運動の支配方程式 (governing equation of motion) が得られます．

$$\rho \frac{\partial^2 \boldsymbol{u}}{\partial t^2} = \rho \boldsymbol{X} - grad\, p + E\nabla^2 \boldsymbol{u} + E\, grad(div\boldsymbol{u}) \tag{4.35}$$

ここに，$\boldsymbol{u}$ は変位ベクトル，$\boldsymbol{X}$ は外力加速度ベクトル，$grad$ は勾配ベクトル，∇ はベクトル微分演算子ナブラ，$div\boldsymbol{u}$ は変位ベクトル $\boldsymbol{u}$ の発散を表します．

これに対し，従来の弾性学は次の式を与えます．

$$\rho \frac{\partial^2 \boldsymbol{u}}{\partial t^2} = \rho \boldsymbol{X} - grad\, \overline{p} + G\nabla^2 \boldsymbol{u} + \frac{1}{3} G\, grad(div\boldsymbol{u}) \tag{4.36}$$

これら運動の支配方程式の主たる相違点は，圧力と平均圧力の違いや，係数 1/3 の存在の有無にあります．従来の弾性理論では，経験的な定義として圧力項に平均圧力を導入したことで，弾性応力項に次元数を表す係数が不可避的に派生させられます．

新しい弾性理論は，平均圧力を追放することで，支配方程式に入り込んだ次元数に依存する係数を取り除くことに成功しています．

新しい理論においては，変位量について未知数が3つ，それに密度と圧力を加えて，合計5つの未知数が存在します．これに対し，運動の支配方程式が3つ，密度変化を支配する質量保存則が1つ，

それらに加えて, 状態方程式（例えば, 式(4.21)あるいは式(4.24)）が存在し, 合計5つの方程式が存在します. したがって, 問題は数学的にクローズしていると言えます.

4.11 弾性ひずみエネルギー

古典的力学において, エネルギーとして運動エネルギー及び位置エネルギーが定義されています. 理想的質点系では, これら2つのエネルギーが保存されます. これに対し流体力学は, 運動エネルギーと位置エネルギーに圧力の成す仕事を加えて, 非圧縮理想流体のエネルギー保存が成立することを教え, エネルギー保存則を次のように与えています.

$$\frac{1}{2}\rho q^2 + \rho gZ + p = 0 \tag{4.37}$$

この式の左辺第1項及び第2項は, それぞれ単位体積当たりの運動エネルギー及び位置エネルギーを表します. 第3項は, 圧力の成す仕事を表します. ここに, q は速度の大きさ, Z は基準からの高さ, ρ は流体密度, g は重力加速度を表します. 圧力の項は, 圧力の成す仕事を状態量としてとらえた量であり, 圧力エネルギーとでも呼ぶ方がより適切でないかと判断されます.

熱力学は, 系に内部エネルギーの存在を認め, それが系に加えられる熱量及び圧力の成す仕事で変化することを規定し, 可逆過程に対して, エネルギーの保存則を次のように表しています.

$$dQ = dU + pdV \tag{4.38}$$

ここに，dQ は系に加えられた熱量，U は内部エネルギー，p は圧力，dV は体積変化を表し，右辺第1項が内部エネルギーの変化量，第2項が圧力の成す仕事を表します．

力学的エネルギーや熱力学的エネルギーが，式(4.37)及び式(4.38)の形に書け，圧力の成す仕事は，それらのエネルギーに変動を及ぼすと定義されるとき，第3の力学的エネルギーとして，弾性ひずみエネルギーはいかように定義されるか？　以下にその問いに答えていきます．

式(4.14)に示す構成方程式は，実測されるひずみが外部荷重による応力と内部圧の作用で生じることを表します．したがって，それらの応力がなす仕事が，可逆過程の条件下で弾性ひずみエネルギー(elastic strain energy)として蓄積されます．そのことを式で表すと次のように与えられます．

まず，応力の式

$$\sigma_{ij} + p\delta_{ij} = 2E\varepsilon_{ij} \qquad (4.14)：再掲$$

仕事とエネルギーの関係

$$W = \int (\sigma_{ij} + p\delta_{ij})d\varepsilon_{ij} = E\varepsilon_{ij}^{2} \qquad (4.39)$$

ここに，W は外部荷重による応力及び内部圧が成す仕事であり，それらが弾性ひずみエネルギーとして蓄えられます．式の最右辺の積分に当たっては，弾性係数は一定であることが仮定されています．

式(4.39)に対し，従来の弾性理論は体積弾性係数を導入し，弾性係数を一定と置いた上で，弾性ひずみエネルギーを次のように定義しています．

$$W = \int \sigma_{ij} d\varepsilon_{ij} = \frac{1}{2} K \varepsilon_{kk}{}^2 + G\left(\varepsilon_{ij} - \frac{1}{3}\varepsilon_{kk}\delta_{ij}\right)^2 \qquad (4.40)$$

この場合，圧力の成す仕事までも弾性ひずみエネルギーとして定義されていることになります．したがって，ひずみエネルギーが正しく定義されていません．

一方，従来の理論は，圧力に対応する応力として平均圧力を定義しています．平均圧力を導入し，式 (4.40) を式 (4.14) 及び (4.39) の形に表すと次のようにまとめられます．

$$\sigma_{ij} + \overline{p}\delta_{ij} = 2G\left(\varepsilon_{ij} - \frac{1}{3}\varepsilon_{kk}\delta_{ij}\right) \qquad (4.31)：再掲$$

$$W = \int \left(\sigma_{ij} + \overline{p}\delta_{ij}\right) d\varepsilon_{ij} = G\left(\varepsilon_{ij} - \frac{1}{3}\varepsilon_{kk}\delta_{ij}\right)^2 \qquad (4.41)$$

この場合，弾性ひずみエネルギーが純粋ひずみに蓄えられるエネルギーとして定義されます．また，この定義によると，外部荷重による応力及び平均圧力が成す仕事量が，弾性ひずみエネルギーとしてせん断ひずみに蓄えられることを表すことになります．しかし，平均応力が成す仕事が純粋せん断ひずみエネルギーを成すとする解釈は，従来の理論が拠り所とする変形要素の独立性を侵すものと言えます．

4.12　初期材料内部に潜在する応力と弾性係数

弾性係数は，係数でありながら応力の次元を有しています．それでは弾性係数を応力とみなしてよいのだろうか？　その次元は，弾性係数が応力であることを主張します．しかし，応力としての実態

は，その定義からは想像し難いものと言えます．以下においては，弾性係数の実態について検討します．議論の内容を明確にするために，テンソル表記をやめ，スカラー量での議論とします．しかし，テンソル表記による展開は，ここに示す展開内容から容易にひも解けるものと考えます．

ここで，単位体積当たりの弾性ひずみエネルギーを e とすると，弾性応力と弾性ひずみエネルギーの関係が，次のように与えられます．

$$de = 2E\, d\varepsilon \tag{4.42}$$

あるいは

$$d(eV) = 2E\, dV \tag{4.43}$$

ここに ε は体積ひずみ，V は体積を表します．

式（4.43）は，微小な体積変動に伴う弾性ひずエネルギーの変化量が応力 E の成す仕事に等しいことを表します．よって，弾性係数は応力でもありかつ，単位体積当たりの弾性ひずみエネルギーでもあると言えます．しかし，それらの物理的定義は当然ながら互いに全く異なります．

単位体積当たりの弾性ひずみエネルギーを $2E$ と表し，それのひずみによる摂動展開を取ると（あるいは，同じことであるが Taylor 展開により），次なる関係が与えられます．

$$2E = 2E_0\left(1 + \varepsilon + \frac{1}{2}\varepsilon^2 + \frac{1}{2\cdot 3}\varepsilon^3 + \frac{1}{2\cdot 3\cdot 4}\varepsilon^4 + \ldots\right) \tag{4.44}$$

ここに，$2E_0$ は初期材料が有する単位体積当たりの潜在的弾性ひず

みエネルギーを表します.

式 (4.44) のカッコ内の第2項に示すひずみの1次量が弾性応力の線形項に対応し, 第3項に示すひずみの2次の量が弾性エネルギーの低次変動量に対応します.

式 (4.44) をさらに次のように変形してみます.

$$2E = 2E_0 \left[1 + \left(1 + \frac{1}{3}\frac{\varepsilon^2}{2} + \ldots \right)\varepsilon + \frac{1}{2}\left(1 + \frac{1}{2}\frac{1}{3}\frac{\varepsilon^2}{2} + \ldots \right)\varepsilon^2 \right] \quad (4.45)$$

式 (4.45) の右辺の [ ] 内第2項が弾性応力の非線形項 (すなわち, 弾性ひずみエネルギーの変動量) まで含めた表示であり, 第3項がエネルギーの変化量の高次項まで含めた値を表します.

従来の弾性学において, 非線形解析時にコンプリメント応力項の必要性がしばしば議論される場合があります. 式 (4.45) の [ ] 内第2項の ( ) 内に見る弾性応力の非線形項がそれに当たるものと想定されます. しかし, 式 (4.45) に示す展開は, 単位体積当たりの弾性ひずみエネルギーの基準を初期状態のそれに置いているため, このようなひずみの高次項を必要とします. 弾性係数をひずみの関数と置く場合, コンプリメント応力項は必要とされません.

以上の考察から, 弾性体内には潜在的な弾性ひずみエネルギーが存在し, それが弾性係数として測られることが示されます.

新しい理論では, フックの法則が次のように表されます.

$$\sigma_{ij} = 2E(\varepsilon_{ij} - \theta\delta_{ij}) \quad (4.12):再掲$$

$$p = 2E\theta \quad (4.11):再掲$$

これまでの議論内容に沿うと, 式 (4.12) は, 弾性体内部に等方

応力 $2E$ が潜在し，その応力が微小な相対的変形 $(\varepsilon_{ij} - \theta\delta_{ij})$ で摂動を受け，その摂動量が外力とつり合うとする解釈を与えます．同様に，式 (4.11) は，潜在する内部応力 $2E$ が等方的微小変形による摂動を受け，その摂動量が内部圧とつり合うという意味合いを与えます．

初期材料に潜在する応力の存在を仮定すると，それらは初期材料内部でつり合い関係状態にある必要があります．弾性係数を以て測られる潜在応力を潜在的弾性応力 $2E$ とすると，それにつり合う応力が潜在的圧力であり，それが P で表されます．また，その変動量が内部圧をなし p で表されます．したがって，初期材料には，潜在応力 (latent stress or potential stress) として圧力 P と弾性応力 $2E$ が存在するものと設定されます．

よって，初期材料内部に潜在する圧力と弾性応力のつり合い式は，次のように与えられます．

$$-P + 2E = 0 \tag{4.46}$$

したがって，初期材料の持つ残留応力は，潜在応力としての圧力や弾性応力を以て測られます．それらは，ここでは応力として解釈されますが，同時に単位体積当たりの弾性エネルギーとしての側面をも持ち，それは状態量として取り扱われます．

材料内部に潜在する圧力は，材料の微小変形に伴い等方応力しか派生させません．しかし，弾性応力はせん断に対しても抵抗を見せます．これは，固体のもつ特徴であり，固体が定まった結晶構造を持つことによるものと解釈されます．

4.13 圧力と熱応力

 弾性体が熱を受け，無拘束条件下で膨張あるいは収縮しているとき，従来の弾性理論は無応力状態と判断します．材料がいかように熱を受けて膨張していても，無拘束であれば，応力は何ら作用していないと判断されます．

 応力と変形量が比例関係にあることを規定するフックの法則に素直に従うなら，膨張という材料変形が観測される限り，その変形量に比例する何らかの応力が観測されなければなりません．我々の目視による観測も，材料が熱を受けて膨張しているさまには，その膨張を引き起す何らかの応力の存在を材料内部に想像させるものです．

 従来の弾性理論によると，材料が変形に対して何らかの拘束を受けてはじめて応力が発生することになっており，その時の応力を熱応力（thermal stress）と呼んでいます．しかし，このとき材料内部に予測されている応力は拘束箇所で与えられている外部荷重の影響によるものです．したがってこの場合，熱応力としての定義よりも外部荷重が発生させる応力としての定義が推奨されます．

 当然ながら温度は応力ではありません．新しい弾性理論によれば，温度変化が派生させる応力が状態方程式に規定され，内部圧として予測されます．この内部圧がフックの法則に則って等方変形を引き起こします．それが熱膨張として観測されます．したがって，このときの内部圧が熱応力と定義されることが望まれます．しかし，新たな弾性理論では，圧力（すなわち内部圧）を定義しており，新たに熱応力という応力の定義を必ずしも必要としません．

 材料が熱を受けて膨張している際の内部圧は，式 (4.11) を以て予測されます．

$$p = 2E\theta \qquad (4.11):再掲$$

したがって，自由熱膨張に対しては，実測ひずみからそれを引き起こしている内部圧が直ちに予測されます．あるいは，状態方程式（4.24）を以て予測されます．

温度の高い箇所ほど，熱による膨張を受けており，それを引き起こす内部圧もそれに応じて大きく予測されます．したがって，温度分布と内部圧の相対的分布は一致します．

拘束条件下では，熱の作用による応力と拘束による応力の合応力が，弾性応力として予測されます．したがって，熱と外部拘束あるいは複雑な荷重の作用時など，複合的な影響を受ける場合であっても，材料に作用する全応力が式（4.14）の右辺に示す弾性応力を以て評価されます．

4.14　固体・液体・気体の違い

理想気体では分子間の干渉力は無視され，内部応力は圧力のみで構成されます．気体はそれ自身で外表面を形成し得ず，その保持には何らかの密閉容器を必要とします．これに対し，水など液体の場合，液体をなす分子は互いに引き合い，気体のようにバラけることはありません．したがって，水表面のように気体との間に明確な表面を形成させます．液体の場合よりもさらに分子間距離が接近すると，それを成す原子や分子は，ある定まった結晶構造をとるようになります．原子の内部構造に定まった配置があるように，結晶構造にもある定まった配置が現れます．これは，分子間距離がある敷居

を超えて接近すると，流体のような形で自由に動き回れず，強制的な配置を与えられることを示唆しています．

固体の場合，材料内部に圧力と弾性応力が潜在し，それらが次の関係式に示すようにつり合い状態を成すことがすでに議論されました．

$$-P + 2E = 0 \qquad (4.46): 再掲$$

このとき，圧力は原子や分子の不規則振動により原理的に等方応力を成します．逆に，等方応力を成す内部応力が圧力と定義されました．固体の場合は定まった結晶構造を持つがゆえに形状変化に抵抗し得て，その結果，非等方応力も発現されます．

液体の場合，定まった結晶構造を持たず，構成分子は自由に動き回ることができます．しかし，自由といっても全く自由でなく，ある分子間距離を保ちつつ，そして互いに擦り合うように，不規則に動き回ります．液体の場合，分子同士がばらばらに飛び散ることはないので，引力と斥力とがつり合い状態になければなりません．したがって，潜在的な応力としての圧力と弾性応力はつり合いの状態にあり，式 (4.46) が成立します．このとき，分子間に働く引力は，分子の不規則運動により等方的な応力として現れます．

実際に液体の体積弾性係数は，固体の値よりも数桁低い値として実測されます．しかしながら，液体に顕在化し測られる圧力値は一般に体積弾性係数よりもはるかに小さな値であり，体積弾性係数の大きさを通常の圧力値から想像することは困難と言えます．それは，顕在化した圧力が潜在的な圧力の微小変動量として与えられる事にあります．

これに対し同じ流体の仲間でも，気体の場合は分子や原子が個々に全くバラバラに不規則に飛び回っています．したがって，理想気体では，顕在した圧力のみが存在するものと考えられます．

4.15 表面張力と表面における弾性ひずみエネルギーの関係

一般に水は高きから低きに流れます．しかし，蓮の葉の上に輝く水滴は，葉を濡らし流れることなく球形状にその形を保持しています．水滴がそのような形状を維持できるのは，表面上にその存在が仮定される表面張力の作用によるものと説明されます．

表面張力の存在を初めて仮定したのは，ヤング（T. Young, 1805）と言われています．特に，表面張力に関するヤングの方程式は有名となっています．しかし，ごく最近の表面張力に関する研究等においてさえ，表面張力とは何か？ 表面張力はヘルムホルツ（Helmholtz）の自由エネルギーか？ 等など，様々な議論が盛んに行われている事実に驚かされます．

シャトルワース（R. Shuttleworth, 1949）は，表面張力と表面におけるヘルムホルツの自由エネルギーとは全く異なる物理で，それらの関係は次なる関係式で与えられることを示しています．

$$\gamma = F + A(dF/dA) \tag{4.47}$$

ここに，γ は表面張力，F は単位面積当たりのヘルムホルツの自由エネルギー，A は表面積を表します．

シャトルワースの方程式の物理的意味は，式（4.47）を次のように変形し考えると理解しやすくなります．

$$\gamma dA = d(FA) \tag{4.48}$$

この式は，新たな表面積の形成 dA に伴い表面張力のなす仕事が，表面上に一様に分布するヘルムホルツの自由エネルギーとして蓄積されことを表します．したがって，表面張力とヘルムホルツの自由エネルギーの物理的定義は明確に異なることになります．

ここで，表面積の変化が微小であり，表面張力が一定と仮定されるなら，式 (4.48) を積分でき

$$\gamma A = FA \tag{4.49}$$

なる近似が成立します．

したがって，数値的には

$$\gamma = F \tag{4.50}$$

となる近似も与えられます．

こうした所に両者に違いを認めることを困難なものとしている要因があると言えます．しかしながら，数値的に等値されたとしても，それらの物理的定義は表面張力が単位長さ当たりの力であり，表面におけるヘルムホルツの自由エネルギーが単位面積当たりのエネルギーを表すことから，両者の物理的相違は明らかと言えます．

自由エネルギーとしては，ヘルムホルツの自由エネルギーとギブス (Gibbs) の自由エネルギーが通常用いられています．これらの自由エネルギーの定義の違いは，次のように与えられます．

$$F = U - TS \tag{4.51}$$

$$G = U + PV - TS \tag{4.52}$$

ここに，U は内部エネルギー，S はエントロピー，G はギブスの自由エネルギーを表します．

可逆変化の条件の下で，表面張力の作用を考慮した熱力学の第1法則は，一般に次のように表されます．

$$TdS = dU + pdV - \gamma dA \tag{4.53}$$

ここで，表面張力の成す仕事にマイナスが明示されているのは，今考えている系に表面張力が外から仕事を成すことを想定していることによるものです．

ヘルムホルツやギブスの自由エネルギーの定義の導入を考えると，熱力学の第一法則は次のように表されます．

$$d(U - TS) + pdV - SdT - \gamma dA = 0 \tag{4.54}$$

あるいは

$$d(U + PV - TS) - VdP - SdT - \gamma dA = 0 \tag{4.55}$$

したがって，式（4.54）に基づき，等温・等積状態変化の下で，表面張力の成す仕事はヘルムホルツの自由エネルギーの変化として現れます．これに対し，等温・等圧状態変化の下では，式（4.55）に基づき，表面張力の成す仕事がギブスの自由エネルギーとして蓄積されます．

ここで，図－2に示すように，無重力の真空中に漂う1滴の水滴を想定します．

流体内部の圧力と表面張力のつり合いは，一般に以下に示すラプラス（Laplace, 1819）の方程式で説明されます．

$$p - p_o = 2\gamma / r \tag{4.56}$$

ここに，p は水滴内の内部圧，p_o は水滴を取り囲む外部環境の圧力を表します．

今の場合，外部環境は真空なので，式 (4.56) は次のようになります．

$$p = 2\gamma / r \tag{4.57}$$

したがって，図 (a) に示す状態は，内部の圧力が表面張力で支えられている状態と考えられます．こうして，水滴をなす水粒子は表面張力の作用により球形状に閉じ込められ，葉の表面を濡らし流れることを妨げられているものと考えられます．このとき，右辺に示す表面張力の作用は半径に反比例しており，水滴の半径が小さくなるほど表面張力の作用は相対的に大きくなります．

次に，表面張力が一定と近似できる状態下で (すなわち，圧力が一定とおける条件下で)，何らかの状態の変化により水滴の半径が図 (b) に示すように増加した場合を想定します．このとき，圧力の成す仕事が次のように与えられます．

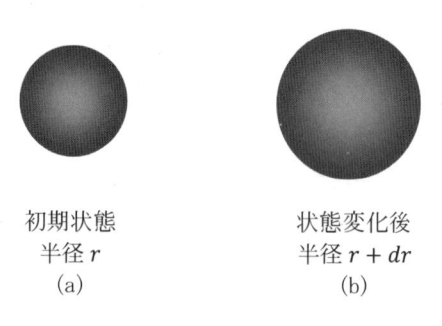

初期状態
半径 r
(a)

状態変化後
半径 $r + dr$
(b)

図-2　空中に漂う水滴の状態変化

$$pAdr = p4\pi r^2 dr \tag{4.58}$$

また，表面張力の成す仕事は次のように与えられます．

$$\gamma dA = \gamma d\left(4\pi r^2\right) = \gamma 8\pi r dr \tag{4.59}$$

等温・等圧可逆変化を考え，圧力の成す仕事が表面張力の成す仕事に置き換わったと考えることで，次に示すようにラプラスの方程式が得られます．

$$p = 2\gamma / r \qquad (4.57)：再掲$$

一方，これらの関係をエネルギーの観点から考察すると，水滴の半径変化に伴う体積変化によって単位体積当たりの圧力エネルギー P の変化が，表面積の変化に伴う単位面積当たりのギブスの自由エネルギーの変化に置き換わったと考えられます．よって，次なる関係が与えられます．

$$d(PV) = d(GA) \tag{4.60}$$

これらのエネルギー変化量は，先に述べた圧力の成す仕事あるいは表面張力の成す仕事によると考えなければならないので，次なる関係が与えられます．

$$pAdr = d(PV) = \gamma dA = d(GA) \tag{4.61}$$

このような問題設定に対し，従来の弾性理論は，外部荷重の作用しない環境下で水滴は無ひずみであり，何らの弾性ひずみエネルギーの発生も無いものと予測します．よって，圧力の存在下で水滴が自らの形状を維持するためには，表面張力のような圧力とつり合うための力が必要となります．

これに対し，新しい弾性理論は次のような考察を与えます．

まず，水滴は自らの弾性を以て内部圧とつり合い，その形状を保つものと考えます．そのことについては，前節で気体や液体，そして固体との違いとしても説明されています．

新しい弾性理論の構成方程式は次のように与えられます．

$$\sigma_{ij} + p\delta_{ij} = 2E\varepsilon_{ij} \qquad (4.14):再掲$$

今，水滴は真空中にあり，外部から力を受けていない状況の下で，式（4.14）は次式を与えます．

$$p\delta_{ij} = 2E\varepsilon_{ij} \qquad (4.62)$$

この関係式は，内部圧と弾性応力がつり合い状態にあることを表します．

新しい弾性理論に従えば，表面張力の概念を導入することなく水滴に対する力のつり合い式を立てることができます．こうして，初期の水滴の応力状態が，内部圧と弾性応力のつり合いを以て説明されます．

以下に，表面張力と弾性応力の関係を求めます．

新しい弾性論では，内部圧が弾性応力で支えられ平衡状態が維持されると考えるので，弾性変形としては等方変形のみが実現可能となります．また，それは等方ひずみを以て表されます．

したがって，式（4.62）に示す力のつり合い式は，次のように与えられます．

$$p\delta_{ij} = 2E\varepsilon\delta_{ij} \qquad (4.63)$$

ここに，ε は等方ひずみを表します．

等温可逆変化において，圧力の成す仕事が弾性ひずみエネルギーに変換されると考えると，次式が成立します．

$$p\delta_{ij}\,d\varepsilon\delta_{ij} = 2E\varepsilon\delta_{ij}\,d\varepsilon\delta_{ij} \tag{4.64}$$

よって

$$3p\varepsilon = 3(2E\varepsilon)\varepsilon \tag{4.65}$$

ただし，圧力及び弾性係数は一定と近似されています．

単位体積当たりに圧力の成す仕事量が表面張力の成す仕事量に等しいと置けるため，次なる関係式が成立します．

$$3p\varepsilon = 6E\varepsilon^2 = \frac{\gamma dA}{V} = \frac{d(GA)}{V} \tag{4.66}$$

ここで，水滴として半径 r の球を想定すると，次なる関係式が得られます．

$$p\varepsilon = 2E\varepsilon^2 = 2\gamma\frac{dr}{r^2} \tag{4.67}$$

等方ひずみとして

$$\varepsilon = \frac{dr}{r} \tag{4.68}$$

を与えると，次なる関係を得ます．

$$p = 2E\frac{dr}{r} = \frac{2\gamma}{r} \tag{4.69}$$

よって，表面張力と弾性応力の関係が

$$Edr = \gamma \tag{4.70}$$

と与えられ，表面張力が材料の微小変形による潜在的弾性応力の微小変化量として与えられるとする結論に至ります．

式（4.69）に示す関係は，外部圧の作用する環境下で，次のように与えられます．

$$p - p_o = 2E\frac{dr}{r} = \frac{2\gamma}{r} \tag{4.71}$$

こうして，従来，表面張力やギブス（あいるは，ヘルムホルツ）の自由エネルギーを以て説明されてきた現象を，その物質が本来もつ弾性によって説明可能であることが示されたと言えます．

従来の弾性理論を用いるとき，内部応力は外部荷重が作用する時にのみ発生するため，上述の現象説明を行うことができません．また，圧力という概念や，内部圧による能動的な作用という概念がありませんので，外部荷重の存在しない場で液滴がその形状を維持させるためには弾性理論を離れ，別に表面張力のような概念を必要とします．

以上のように，新しい弾性理論は，表面張力の概念に代わる新たな説明を提示するものとなっています．この結果は，ヤングの方程式を始めとして，様々な表面張力の係わる問題に適用されることが想定されます．しかし，従来の表面張力の概念も便利な概念であることは事実で，それらの併用による説明がより良い現象理解へとつながるものと期待されます．

次に，新たな弾性理論の活用が期待される材料の破壊に係わる問題について説明します．

グリフィス（A. A. Griffith, 1921）は，表面張力と材料の破壊について論じています．その中では，破壊という現象を新たな表面の形成と捉えた展開が行われています．新しい弾性理論では，弾性ひずみエネルギーが次のように表されます．

$$\int (\sigma_{ij} + p\delta_{ij}) d\varepsilon_{ij} = E\varepsilon_{ij}{}^2 \qquad (4.5)：再掲$$

したがって，新たな表面の形成によるギブスの自由エネルギーの変化量は，弾性ひずみエネルギーの変化量と次のような関係で結ばれます．

$$\gamma dA = d(GA) = (\sigma_{ij} + p\delta_{ij}) d\varepsilon_{ij} = 2E\varepsilon_{ij} d\varepsilon_{ij} \qquad (4.72)$$

ここに，弾性ひずみエネルギーについては，単位体積当たりのエネルギー量である事に注意が必要です．

破壊による新しい自由面の形成は，こうして材料内部の弾性ひずみエネルギーを変え，外部荷重の成す仕事を受け止めることになります．したがって，例えば，コンクリート材などが破壊により粉々に砕け散る様は，小さな破片を作ることで自由表面積をできるだけ稼ぎ，外部からの仕事を封じ込める作用にあると考えられます．

4.16 弾性波の波速と弾性係数の関係

式（4.35）より，弾性体の運動の支配方程式は，弾性係数を一定とおき，ベクトルの成分表示で次のように書けます．

$$\rho \frac{\partial^2 u_i}{\partial t^2} = \rho X_i - \frac{\partial p}{\partial x_i} + E\nabla^2 u_i + E\frac{\partial}{\partial x_i}\frac{\partial u_j}{\partial x_j} \qquad (4.73)$$

この式の両辺を時間微分し,次式を得ます.

$$\rho \frac{\partial^3 u_i}{\partial t^3} = \rho \frac{\partial X_i}{\partial t} - \frac{\partial}{\partial x_i}\frac{\partial p}{\partial t} + E\nabla^2 \frac{\partial u_i}{\partial t} + E\frac{\partial}{\partial x_i}\frac{\partial}{\partial x_j}\frac{\partial u_j}{\partial t} \qquad (4.74)$$

ここでは微少振幅弾性波を対象としていますので,高次の微小量を成す項はすでに省略してあります.

速度 v_i と変位 u_i には次に示す関係が存在します.

$$v_i = \frac{\partial u_i}{\partial t} \qquad (4.75)$$

したがって,外力加速度を一定とした上で式(4.74)は,次のように書けます.

$$\rho \frac{\partial^2 v_i}{\partial t^2} = -\frac{\partial}{\partial x_i}\frac{\partial p}{\partial t} + E\nabla^2 v_i + E\frac{\partial}{\partial x_i}\frac{\partial}{\partial x_j}v_j \qquad (4.76)$$

ここに,v_i は速度ベクトルの成分を表します.

式(4.24)及び熱力学の関係式より,状態変化を断熱過程とし,圧力変動の時間微分が次式のように与えられます.

$$\frac{\partial p}{\partial t} = -\gamma P \Theta \frac{\partial \varepsilon_{kk}}{\partial t} \qquad (4.77)$$

ここに，ε_{kk} は体積ひずみ，γ は比熱比を表します．P は初期材料に潜在する圧力，係数 Θ は圧力変動が引き起こすひずみを通常観測される体積ひずみ ε_{kk} で予測するための係数であり，$\theta = -\Theta\varepsilon_{kk}$ なる関係をなします（式 (2.35) を参照）．また，式 (4.46) に示すように，$P = 2E$ の関係が存在します．

式 (4.77) を式 (4.76) の圧力項に代入し，次式を得ます．

$$\rho\frac{\partial^2 v_i}{\partial t^2} = \gamma(\Theta P + E)\frac{\partial}{\partial x_i}\frac{\partial v_j}{\partial x_j} + \gamma E\nabla^2 v_i \tag{4.78}$$

ここでも，高次の微小量はすでに省略されています．

等温状態変化の場合の体積弾性係数を K と置くとき，Stokes は断熱状態変化の場合の体積弾性係数を $K_{ad} = \gamma K$ と与えています．弾性係数について $E_{ad} = \gamma E$ と与えられるであろうことの妥当性は，潜在する圧力と弾性応力に関し，式 (4.46) の関係が成立していることから与えられます．しかしながら，この点は，今後実験的に明らかにされる必要があります．以後の表記においては，$E_{ad} \equiv \gamma E$ と見なすことにします．

式 (4.78) は，ベクトル表示で次のように書けます．

$$\rho\frac{\partial^2 \boldsymbol{v}}{\partial t^2} = \gamma(\Theta P + E)grad(div\boldsymbol{v}) + \gamma E\nabla^2 \boldsymbol{v} \tag{4.79}$$

ここに，$\boldsymbol{v}$ は速度ベクトルを表します．

式(4.79)の両辺のベクトルの発散を取り次式が得られます．

$$\frac{\partial^2}{\partial t^2}div\boldsymbol{v} = \frac{\gamma(\Theta P + 2E)}{\rho}\nabla^2 div\boldsymbol{v} \tag{4.80}$$

式 (4.80) が，発散波 (divergence wave)（あるいは縦波, longitudinal

wave；あるいは単に音波, sound wave とも呼ばれる）の支配方程式であり, 一般に波動方程式（wave equation）と呼ばれます.

式 (4.80) より, つぎに示す発散波の波速が得られます.

$$C_l = \sqrt{\frac{\gamma(\Theta P + 2E)}{\rho}} \quad (4.81)$$

したがって, 音波など発散波の伝播には, 材料の機械的物性である弾性 E と熱力学的状態量である圧力 P が波の復元力として働きます.

次に, 式 (4.79) の回転 *rot* （あるいは, *curl*) を取り次式が与えられます.

$$\frac{\partial^2}{\partial t^2} rot\, v = \frac{E}{\rho} \nabla^2 rot\, v \quad (4.82)$$

ここに, *curlgrad* = 0 なる関係が用いられています.

式 (4.82) は, 横波 (transverse wave) あるいは回転波 (rotation wave) の波動方程式と呼ばれます. したがって, 弾性を有する固体は, 音波の他に回転成分からなる波動を伝えることができ, その波速は

$$C_t = \sqrt{\frac{E}{\rho}} \quad (4.83)$$

で与えられます.

音波すなわち発散波が圧力と弾性係数に影響されるのに対し, 回転波すなわち横波は圧力に関係せず材料の弾性を特徴付ける弾性係数のみに依存する波となっています. また, その伝播は発散波よりも遅れます.

ここで，圧力変動と体積弾性応力の比を

$$\alpha = \Theta P / 2E \; (=\Theta)$$ (4.84)

と置くと，式（4.81）は次のように表せます．

$$C_l = \sqrt{\frac{2\gamma E}{\rho}(1+\alpha)}$$ (4.85)

よって，波速間に次なる関係式が与えられます．

$$\frac{C_l}{C_t} = \sqrt{2\gamma(1+\alpha)}$$ (4.86)

したがって，発散波（体積変形波）と回転波（体積保持波）の波速の比は，圧力変動と体積弾性応力の比の関数で与えられます．

式（4.83）で与えられるように，回転波は材料の弾性が伝播させる波です．一方，発散波は式（4.81）で示されるように，内部圧と弾性応力が伝播させる波と言えます．

以上の議論に対し，従来の弾性理論は，体積弾性係数とせん断弾性係数を定義した上で，発散波の波速を次のように与えています．

$$C_l = \sqrt{\frac{\gamma(K+4/3G)}{\rho}}$$ (4.87)

ここに，係数" 3 "は，場の次元数が3次元であることを表します．

回転波の波速については，次式を与えています．

$$C_t = \sqrt{\frac{G}{\rho}} \qquad (4.88)$$

　式 (3.10) 及び式 (3.11) に見るように，体積変形に係わる弾性係数は体積弾性係数 K であり，せん断弾性係数 G は純粋せん断変形，すなわち体積保持変形に係わる弾性係数を表します．式 (3.10) は，体積応力に純粋せん断が係わらないことを示しています．しかしながら，式 (4.87) に示す体積変形波（すなわち発散波）の波速に，体積弾性係数 K に加えてせん断弾性係数 G が係わるとする点は，両係数の物理的独立性を否定する内容にあると言えます．

4.17　数値計算への応用

　ここでは，新しい弾性理論を実際に数値計算に応用する際の具体的手順について述べます．

　まず，新たな理論で唯一定義される弾性係数の値は，従来の弾性理論におけるせん断弾性係数と等値であることが示されており，せん断弾性係数の値を以て当てられます．その他，状態方程式 (4.24) に必要な係数の値についても，従来の弾性理論で定義される諸定数を以て算出可能となっています．

　式 (4.24) を式 (4.13) に代入することで，従来の構成方程式が与えられます．したがって，数値計算は，従来の計算コードをそのまま利用可能であり，それから与えられるひずみ分布は，従来の弾性理論でも新たな理論でも全く同じ分布形として与えられます．

　外部荷重が引き起こす応力分布，すなわち応力 **σ** の分布についても全く同様なことが言えます．しかしながら，式 (4.14) 及び式 (4.15)

は，「耐力評価の対象とすべき応力分布が σ の分布にあらず，弾性応力 τ にある」と主張しています．弾性応力は，観測されるひずみに単に弾性係数を乗じて与えられます．自由熱膨張の場合も全く同じと言えます．

こうして得られる弾性応力 τ の最大主応力分布や弾性ひずみエネルギー分布などを表示することで，材料の状態量を考慮した新たな応力評価が可能となります．新たな理論では，耐力評価の対象とすべき応力分布とひずみ分布とが全く同じ相対的分布を示します．

従来の計算コードはそのまま利用するものの，応力評価や物理現象の理解は式（4.14）と式（4.15）を以て行わなければなりません．

これまで議論されたように，新しい理論とその思想が提示されましたが，従来の計算コードや実験定数などがそのまま有効活用できることは極めて幸いと言えます．

従来の数値計算コードを利用し，ひずみ分布が得られますと，それから式（4.21）や式（4.24）に則り，ポアソン効果を引き起こしている内部圧の大きさが求められます．また，自由熱膨張の解析ではひずみ分布が与えられると，それから直ちにその熱膨張を引き起こしている内部圧が求められます．外部拘束条件が与えられる場合には，得られたひずみ分布から，外部拘束条件と温度上昇の複合作用として発生する内部圧と弾性応力が直ちに求められます．

こうして，式（4.14）や式（4.15）に則り，ひずみ分布から合成応力 τ が求められます．この合成応力は材料が応力に耐えている姿を表しますので，材料の耐力評価はその合成応力で測られることになります．

従来の弾性理論は，外部荷重が引き起こす応力 σ のみに着目するので，例えば縦方向1軸圧縮の横方向に応力をゼロと予測します．

ひずみが横方向にいかように観測されていても，その方向に応力はゼロと判定されます．しかし，新たな理論に基づく合成応力 τ は，ひずみ分布とまったく同じ相対分布を成すので，最大主ひずみ(横)方向に合成応力（弾性応力）の最大主応力が予測されます．

したがって，例えば材料破壊に対しては，新たな定義にもとづく弾性応力 τ の最大主応力及び内部圧 p を調べ，例えば図－1を破壊基準に用い，材料が破壊するかどうかが判定されます．このとき，破壊は τ の最大主応力面上に予測されます．塑性基準に対しても，同様な手続きが要求されます．

破壊力学においては，写真－1に示す純圧縮の際の縦方向亀裂をいかに発生させるかが問題となっています．外部荷重による応力のみに着目する従来の理論では，横方向応力をゼロと予測するので，材料軸に沿って引き裂かれるような亀裂の発生を予測することは困難です．これに対し，弾性応力 τ に着目する新たな理論では，引張ひずみに従い引張応力が予測され，亀裂は不連続箇所を起点として縦方向に予測されることになります．

人の目視観察による判断は，材料変形具合（すなわち，ひずみ分布）を見ての応力判断となります．合成応力 τ の分布はひずみ分布と全く同じ相対的分布になるので，人の直観的判断は理論による応力判断と一致します．したがって，人の直観的判断に基づく破壊面上に計算による破壊予想面も現れることになります．

4.18 新たな弾性理論のまとめ

以下に新たな理論の基礎式についてまとめます.

1) 一般化されたフックの法則

$$\tau_{ij} = 2E\,\varepsilon_{ij} \tag{4.15}$$

2) 圧力とそれが引き起す等方ひずみの成すフックの法則

$$p = 2E\theta \tag{4.11}$$

3) 外部荷重による応力とそれが引き起こすひずみの成すフックの法則

$$\sigma_{ij} = 2E\bigl(\varepsilon_{ij} - \theta\delta_{ij}\bigr) \tag{4.12}$$

4) 構成方程式

$$\sigma_{ij} + p\delta_{ij} = 2E\varepsilon_{ij} \tag{4.14}$$

5) 運動の支配方程式

$$\rho\frac{\partial^2 \boldsymbol{u}}{\partial t^2} = \rho\boldsymbol{X} - grad\,p + E\nabla^2\boldsymbol{u} + E\,grad(div\,\boldsymbol{u}) \tag{4.35}$$

6) 圧力の状態方程式

$$p = 2E\left(-\Theta\,\varepsilon_{kk}\right) + \beta(T - T_0) \tag{4.24}$$

7) ひずみエネルギー

$$W = \int\bigl(\sigma_{ij} + p\delta_{ij}\bigr)d\varepsilon_{ij} = E\varepsilon_{ij}^{\,2} \tag{4.39}$$

8) 初期材料の内部応力のつり合い式

$$-P + 2E = 0 \tag{4.46}$$

9) 修正ポアソン比と従来のポアソン比の関係

$$\Theta = \frac{\nu}{1 - 2\nu} \tag{2.23}$$

4.19 従来の弾性理論のまとめ

以下に従来の弾性理論の基礎式についてまとめて示します．

1) 一般化されたフックの法則

$$\sigma_{ij} = K\varepsilon_{kk}\delta_{ij} + 2G\left(\varepsilon_{ij} - \frac{1}{3}\varepsilon_{kk}\delta_{ij}\right) \tag{3.7}$$

2) 平均圧力と体積ひずみの成すフックの法則

$$-\bar{p} = K\varepsilon_{kk} \tag{3.10}$$

3) 偏差応力と偏差ひずみの成すフックの法則

$$\sigma'_{ij} = 2G\left(\varepsilon_{ij} - \frac{1}{3}\varepsilon_{kk}\delta_{ij}\right) \tag{3.11}$$

4) 構成方程式

$$\sigma_{ij} + \bar{p}\delta_{ij} = 2G\left(\varepsilon_{ij} - \frac{1}{3}\varepsilon_{kk}\delta_{ij}\right) \tag{4.31}$$

5) 運動の支配方程式

$$\rho\frac{\partial^2 \boldsymbol{u}}{\partial t^2} = \rho \boldsymbol{X} - grad\,\overline{p} + G\nabla^2 \boldsymbol{u} + \frac{1}{3}G\,grad(div\boldsymbol{u}) \qquad (4.36)$$

6) ひずみエネルギー

$$W = \int (\sigma_{ij} + \overline{p}\delta_{ij})d\varepsilon_{ij} = G\left(\varepsilon_{ij} - \frac{1}{3}\varepsilon_{kk}\delta_{ij}\right)^2 \qquad (4.41)$$

あるいは

$$W = \int \sigma_{ij}\,d\varepsilon_{ij} = \frac{1}{2}K\varepsilon_{kk}{}^2 + G\left(\varepsilon_{ij} - \frac{1}{3}\varepsilon_{kk}\delta_{ij}\right)^2 \qquad (4.40)$$

新しい理論は，従来の理論から平均圧力の概念を捨て去り，新たに状態量としての圧力を導入，その事でポアソン効果，自由熱膨張を引き起こす応力の存在を明らかにし，新たな応力評価と新たなエネルギーの概念をもたせています．

数学者，ハーディ（G.H. Hardy）は，次のように述べています．

> 色や言葉と同様に，数学の概念は調和していなければならない．美こそは第一の試金石である．醜い数学に永住の地はない．

> The mathematician's patterns, like the painter's or the poet's, must be beautiful; the ideas, like the colours or the words, must fit together in a harmonious way. Beauty is the first test: there is no permanent place in the world for ugly mathematics.

> G. H. Hardy

> （Fermat's last theorem, Simon Singh, Fourth Estate 及びフェルマーの最終定理（青木薫訳），新潮文庫より引用）

新たな理論と従来の理論とを比較し，新たな理論が本物としての試金石を満たすことを実感できるものと思います．

おわりに当たって

日本人初のノーベル物理学者湯川秀樹は，1963年に琉球大学を訪れ，その記念に写真に見る書を贈られています．

学事不厭
（がくじ ふえん）

「学んでも，学んでも，飽きるものでない」ことを表わす．

これは，論語「子曰く，黙して之を識す．学びて厭（いと）わず．人に誨（おし）えて倦（う）まず．…」の一説です．

湯川秀樹　琉球大学を訪問
1963年（昭和38年）

琉球大学図書館内掲示資料より

何事にもその大事を成し得るには想像を超える努力が求められます．また，事を成し遂げるには，努力の拠り所となる信条が必要です．新たな弾性理論を構築するに当たり，拠り所としたのが湯川秀樹のこの書でした．

学問は尊いものです．学問の世界は，果てしなく広がり，宇宙の果ての果てまでも広がっています．そして，基礎科学は，人に，夢と希望を与えます．

参考文献

書籍

1) 今井功（1973）：流体力学（前篇），裳華房，428p.
2) 内山龍雄訳・解説（1988）：相対性理論，岩波文庫，187p.
3) サイモン・シン（青木薫訳）（2006）：フェルマーの最終定理，新潮文庫，495p.
4) C. ゼーリッヒ著/湯川秀樹序/広重徹訳（1974）：アインシュタインの生涯，東京図書，250p.
5) 仲座栄三（2005）：物質の変形と運動の理論，ボーダインク，421p.
6) 日野幹雄（1992）:流体力学，朝倉書店，469p.
7) ランダウ＝リフシッツ（竹内均　訳）（1972）：流体力学 I, II, 東京図書出版，596 p.
8) ランダウ＝リフシッツ（佐藤・石橋　訳）（1972）：弾性理論，東京図書出版，275 p.
9) Batchelor, G. K. (1967): An introduction to Fluid Dynamics, Cambridge University Press, 615p.
10) Fung, Y. C. (1994): A First Course in Continuum Mechanics, Third Edition, Prentice Hall, 311p.
11) Love, A. E. H. (1944): A Treatise on the Mathematical Theory of Elasticity, Fourth Edition, Dover Publications, 641p.
12) Timoshenko, S. P. (1983): History of Strength of Materials, Dover Publications, 452p.
13) Simon Singh (1998): Fermat's Last Theorem, Fourth Estate, 362p.

論文

14) 岡島達雄（1970）：複合応力（圧縮・ねじり，引張・ねじり）を受けるコンクリートの破壊条件，日本建築学会論文集，第178号，pp.1-8.

15) 岡島達雄（1972）：複合応力（内圧・圧縮，内圧・引張）を受けるコンクリートの破壊条件，日本建築学会論文集，第199号，pp.7-16.

16) 岡島達雄（1973）：2軸応力を受けるコンクリートの破壊ひずみ，材料，第22巻，第232号，pp.33-37.

17) 仲座栄三（2009）：脆性破壊を示すコンクリートの破壊基準に関する研究，コンクリート学会，6p.

18) 仲座栄三（2008）：Navier-Stokes 方程式の修正：流体力学会，第40回流体力学会講演概要，5p.

19) 仲座栄三（2008）：第2粘性係数論争の200年，そしてNavier-Stokes方程式の修正，流体力学会，中四国・九州支部講演会講演概要集，3p.

20) 仲座栄三（2008）：新たな弾性理論による破壊解析，日本機械学会，第21回計算力学会講演会，2p.

8) Griffith , A.A. (1921) : The Phenomena of Rupture and Flow in Solids, Philosophical Transactions of the Royal Society of London, Series A, Containing Papers of a Mathematical or Physical Character, Vol.221, pp.163-198.

9) Shuttleworth R. (1949): The Surface Tension of Solids, Proc. Phys. Soc. A 63, pp.444-457.

索引

1軸圧縮　5, 15, 43
1軸圧縮試験　14

〈あ〉
アスペクト比　54
圧縮　54
圧縮強度　56, 57
圧縮強さ　57
圧力　6, 32, 35, 41, 42, 61, 68, 70, 81
圧力エネルギー　62, 75
圧力の成す仕事　37, 63
圧力変動　81
新たな弾性理論　34
位置エネルギー　62
一様　40
一様性　3
異方性材料　8
引力　70
運動の支配方程式　61, 79
エネルギー保存則　62
延性破壊　59
エントロピー　43
応力テンソル　8, 41
応力評価　53
音波　82

〈か〉
回転　82
回転波　82, 83
外力加速度ベクトル　61
可逆過程　38, 63

機械的物性　82
基本原理　39
客観性　2, 34
供試体　54, 57
均質　40
均質性　3
ギブス　72
ギブスの自由エネルギー　72
グリーン　12, 29
グリフィス　79
クロネッカーのデルタ　9
経験則　5, 15
計算コード　85
係数1/3　9
係数テンソル　25
結晶構造　67, 69
合成応力　85
構成方程式　34, 52
剛体回転　40
勾配ベクトル　61
降伏　60
コンクリート　54
コンプリメント応力項　66

〈さ〉
最大主応力　52, 55
最大主応力面　56
最大主ひずみ　57
最大せん断応力　56, 60
最大せん断応力面　56
材料強度　54, 55, 57

材料定数　49
材料特性　40
材料の等方性　3
材料密度　11, 58
座標軸の回転　40
残留応力　67
仕事　37
質量保存則　45
支配方程式　61
シャトルワース　71
修正ポアソン比　18, 21, 35, 48
修正ヤング率　18, 19, 35, 48
自由熱膨張　43, 49, 69, 85
主応力　50
純圧縮　54
純粋せん断ひずみエネル　64
純粋せん断変形　10
純トルク　54
純引張　54
状態変化　80
状態方程式　39, 42, 45, 48, 49
状態量　42
垂直応力　7
垂直ひずみ　7
水滴　71
数値計算　84
静水圧応力　32
脆性材料　54, 55
斥力　70
線形　66
線形関係　25, 41

潜在　42, 67
潜在応力　67
潜在的温度　50
潜在的弾性応力　67
せん断応力　7, 52
せん断強度　56
せん断弾性係数　7, 9, 17, 23, 25, 45
せん断強さ　56
せん断ひずみ　7
せん断ひずみエネルギー　52, 56
線膨張係数　49
相対的体積変形　8
相対的体積変形要素　28
相対的変形　39
速度ベクトル　79
塑性　56, 59
塑性変形　59, 60

〈た〉
第1不変量　29
対称性　25
体積弾性係数　9, 25, 27
体積ひずみ　9, 28
体積ひずみテンソル　28
体積変化　41
体積変形　10
体積変形波　11, 82
体積保持波　83
体積保持変形　10, 60
耐力評価　53
縦弾性係数　7

縦波　81
単一係数論派　12
弾性エネルギー　37
弾性応力　41, 75, 77, 85, 86
弾性応力テンソル　53
弾性係数　12, 36, 45, 51, 64
弾性ひずみエネルギー　62, 64, 65
弾性理論　5
断熱過程　80
直交分解　31
デュアメル・ノイマンの法則　49
等温　45
等温可逆変化　75, 51, 81
等温状態変化　36, 70
等方応力　36, 70
等方性　2, 18, 19, 25, 40
等方性弾性体　44
等方性連続体　3
等方テンソル　29
等方ひずみ　18, 21, 36
トルク　54

〈な〉
内部圧　36, 39, 43, 44, 57, 67, 76
内部エネルギー　43, 63
内部摩擦角　56
ナビエ　12, 22
ナブラ　61
軟鋼　59
ニュートン・ストークスの粘性法則　32
ニュートンの運動の法則　3, 23

熱応力　68
熱力学　42
熱力学的エネルギー　63
熱力学の関係式　80
熱量　62
粘性応力　32

〈は〉
破壊　54, 56
破壊面　55
破壊力学　86
発散　61, 81
発散波　11, 81, 83
発散波の波速　11
波動方程式　82
バネ係数　1
バネ剛性　1
場の等方性　3
万有引力　4
非圧縮状態変化　60
非圧縮変形　60
非一様　40
微小振幅弾性波　80
微小ひずみテンソル　40
ひずみテンソル　8, 9
非線形　66
非線形関係　43
引張　54
引張応力　55
引張強度　55, 56
引張強さ　56

引張面　55
非等方応力　　70
比熱比　81
微分演算子　　61
表面積　71
表面張力　71, 74, 78, 79
比例関係　1, 41
フーリエ級数　31
不規則運動　70
不均質　40
フック・ポアソンの法則　17
フック弾性体　39
フックの法則　1, 4, 14, 26, 34, 39,
　　　　　　　40, 44, 45
物理法則　2
分子間干渉　22
平均圧　39
平均圧力　31, 32, 50, 52, 59, 61
平均応力　50
ヘルムホルツの自由エネルギー　7
変位ベクトル　61
偏差テンソル　29
偏差ひずみ　28
偏差ひずみテンソル　28
ポアソン　5, 15, 22
ポアソン効果　7, 16, 35, 43
ポアソンの経験則　15, 34
ポアソン比　6, 7, 14, 15, 21,
　　　　　　34, 43

〈ま〉
密度変化　41
無応力条件　　68
無拘束　68
無拘束条件　　68
目視観測　53

〈や〉
ヤング　71
ヤングの式　　71
ヤング率　6, 7, 14, 34
有効仕事　38
有効ひずみ　　22
横弾性係数　7
横波　82

〈ら〉
ラプラス　73
ラプラスの方程式　73, 75
ラメ　10
ラメの係数　27, 46
ラメの第1係数　25
ラメの第2係数　25
力学的エネルギー　63
理想気体　49
連続体　3, 40
ロバートフック　1

著者略歴
仲座　栄三（なかざ　えいぞう）

昭和33年　沖縄県宮古島にて生まれる

昭和57年　琉球大学工学部土木工科卒業

昭和59年　宮崎大学工学部大学院修了

昭和60年　琉球大学工学部助手

平成2年　工学博士　東京工業大学

平成8年　琉球大学工学部助教授

平成18年　同学部教授　現在に至る

平成20年-22年　琉球大学島嶼防災研究センター長

著書『物質の変形と運動の理論』（ボーダーインク，2005）

新・弾性理論
NEW THEORY OF ELASTICITY

発　　行　2010年8月1日初版
著　　者　仲座　栄三
発行所　宮城　正勝
発　　行　ボーダーインク
　　　　　〒902-0076　沖縄県那覇市与儀226-3
　　　　　電話 098(835)2777　FAX 098(835)2840
印　　刷　でいご印刷

ⓒ NAKAZA EIZO 2010, PRINTED IN OKINAWA